Trastornos del cerebro.
Una inmersión rápida

Una inmersión rápida es una colección dirigida por Ferran Requejo, catedrático de ciencia política en la Universidad Pompeu Fabra.

El estilo de la colección combina rigor y divulgación. Está orientada a todas aquellas personas que deseen introducirse o profundizar en temas actuales sobre ciencia, filosofía, humanidades y ciencias políticas y sociales.

Amadeo Muntané

TRASTORNOS DEL CEREBRO
Una inmersión rápida

Tibidabo Ediciones
Barcelona

Tibidabo Ediciones, SA – Tibidabo Publishing, Inc. Barcelona – New York

Tibidabo Ediciones, SA cuenta con oficina en Barcelona y en Nueva York a través de Tibidabo Publishing, Inc. En el mercado de habla castellana publica principalmente la colección *Una Inmersión Rápida* y en el mercado de habla inglesa *A Quick Immersion Series*. También publica otras colecciones como *Actualidad* o *Topical Current Affairs Books*.

La colección *Una Inmersión Rápida* ganó el Premio LAUS 2020 de Bronce al diseño de cubiertas de libro o revista.

TRASTORNOS DEL CEREBRO
Una inmersión rápida
© Amadeo Muntané Sánchez

Derechos exclusivos de edición:
© Tibidabo Ediciones, SA
Calle Muntaner, 479
08021 Barcelona
Teléfono: +34 932 126 946
Correo electrónico: tibidabo@tibidaboediciones.com

Impreso en Gráficas Rey, Barcelona.
Diseño de cubierta: Raimon Guirado
Maquetación: Joan Alonso
Revisión lingüística: Gemma Murtró

Colección: Una inmersión rápida
Director de la colección: Ferran Requejo (ferran.requejo@upf.edu)
Primera edición: Noviembre de 2016
Segunda edición: Febrero de 2025

ISBN: 978-84-10320-10-9
Depósito legal: B 1917-2025

Lista de ilustraciones

1. Estructuras cerebrales   22
© Amadeo Muntané Sánchez

2. Estructuras cerebrales II   26
© Amadeo Muntané Sánchez

3. Áreas de Brodmann   29
© Amadeo Muntané Sánchez

4. Irrigación cerebral   36
© Amadeo Muntané Sánchez

5. El sistema límbico   38
© Amadeo Muntané Sánchez

6. Neuronas, sinapsis e impulso nervioso   53
© Amadeo Muntané Sánchez

7. Alta tecnología en el estudio del cerebro   61
© Amadeo Muntané Sánchez

8. La conciencia   70
© Amadeo Muntané Sánchez

9. El conocimiento   91
© Amadeo Muntané Sánchez

10. Elemento Alfa   158
© Amadeo Muntané Sánchez

11. La percepción del dolor   181
© Amadeo Muntané Sánchez

12. Zonas nerviosas relacionadas con la psicopatía   184-185
© Amadeo Muntané Sánchez

Lista de tablas

1. Principales neurotransmisores   55
© Amadeo Muntané Sánchez

2. Diferencias entre la TC y la RM
para la obtención de neuroimágenes   64
© Amadeo Muntané Sánchez

3. Procesos que requieren sustrato neuronal
y componente no físico   151
© Amadeo Muntané Sánchez

4. Procesos con un componente intrínseco no físico   151
© Amadeo Muntané Sánchez

A mi mujer Mª Luisa y a mis hijos Luis y Laura

Índice

Presentación   11

Introducción   13

1 Cómo funciona el cerebro   18

2 Introducción a los trastornos neurológicos   97

3 ¿Lo sabemos todo del cerebro?   121

4 Corolario: tener un cerebro o ser un cerebro   166

Lecturas recomendadas   188

Presentación

Los científicos del siglo XIX sabían muy poco acerca de los caminos que seguían los impulsos nerviosos. El médico italiano Camillo Golgi sostenía que el cerebro era una red de conexiones sin interrupciones. Basándose en la investigación de Golgi, Santiago Ramón y Cajal aplicó nuevos métodos de tinción de las neuronas para observar sus enmarañadas ramificaciones y descubrió lo que Golgi no había podido discernir: que cada neurona es una célula distinta, separada de todas las demás.

En condiciones normales el funcionamiento del cerebro es automático en todas sus facetas, sin embargo cuando el cerebro enferma por distintas causas como por ejemplo un tumor cerebral, la enfermedad de Parkinson, la esclerosis múltiple o una hemorragia, las consecuencias pueden ser desastrosas. Así en la enfermedad de Alzheimer hay un acúmulo de proteínas en el cerebro, que produce una devastadora demencia que caracteriza la enfermedad. Las enfermedades mentales abarcan una amplia variedad de trastornos, cada uno de ellos con características distintas. Pueden alterar el razonamiento, el comportamiento, el reconocimiento de la realidad, las emociones o las relaciones con los demás. Cabe preguntarse si el cerebro como conjunto de neuronas somos nosotros mismos y por tanto un trastorno cerebral puede acabar con nuestro ser y nuestra persona, o si hay que entender la enfermedad cerebral como una alteración neuronal que no llega a destruir lo más íntimo de nuestro ser. En las próximas páginas se intentará dar una respuesta coherente a esta cuestión, lo cual no es una tarea fácil aunque sí apasionante.

Introducción

El cerebro es la estructura más compleja y menos conocida del cuerpo humano, pero cuyo funcionamiento representa uno de los mayores desafíos actuales.

Uno de los temas más sorprendentes y admirables es el modo en que el cerebro humano se desarrolla en la vida embrionaria y fetal. Desde la fecundación del espermatozoide y el óvulo que dará lugar a una célula –todos hemos sido una célula en el primer momento de nuestra vida– hasta el nacimiento, el sistema nervioso habrá adquirido una configuración y una estructura que no serán definitivas sino que irán completándose e incluso adaptándose durante toda la vida.

El cerebro está constituido por un tejido muy complejo que no se parece a nada de lo que conocemos, pero está compuesto de células, como lo está cualquier tejido. Se trata desde luego de células muy especializadas, pero funcionan siguiendo las leyes que rigen a todas las demás células. Sus señales eléctricas y químicas pueden detectarse, registrarse e interpretarse, y sus sustancias químicas identificarse, además las conexiones que constituyen la red neuronal pueden cartografiarse.

El cerebro tiene una excepcional demanda de energía generada por el metabolismo. Esta alta demanda metabólica puede encontrarse en todas las edades y depende de un adecuado suplemento de sustratos disponibles que son extraídos rápidamente por el cerebro desde la sangre. En los últimos años se ha hecho evidente que los cultivos primarios son excelentes sistemas modelo para estudiar el desarrollo cerebral. Mediante el uso selectivo de neuronas y astrocitos (que son células que hacen de soporte a las neuronas), se intenta dilucidar el papel de cada población celular en la utilización, metabolismo y compartimentación de los nutrientes cerebrales.

El estudio del cerebro requiere la convergencia de varias tradiciones científicas como la anatomía, la embriología, la fisiología, la bioquímica, la farmacología, la neurorradiología, la psiquiatría o la neurología. Todas ellas han constituido diferentes elementos que han formado la disciplina de la neurociencia como un saber científico integrador que intenta estudiar y descubrir las variables que configuran este órgano tan fascinante. El estudio de la estructura neuronal, la función neuroquímica, los mecanismos biológicos responsables del aprendizaje, el control genético del desarrollo neuronal desde la concepción, la operación de redes neuronales, la estructura y funcionamiento de redes complejas involucradas en la memoria, la percepción, el habla y la conciencia, las enfermedades neurodegenerativas; las sustancias antiepilépticas y antidepresivas; el desarrollo de trasplantes neuronales y regeneración de fibras nerviosas; los cambios que se producen en las neuronas por la drogadicción o la esquizofrenia; la afectación del sistema nervioso del feto por el virus del SIDA; el accidente cerebro vascular, causado por la disminución del riego sanguíneo cerebral; la transmisión de la señal nerviosa; los mecanismos de reconocimiento celular y especificidad neuronal; el transporte de sustancias y formación de sinapsis, que son uniones entre las neuronas; las aplicaciones de nuevos medicamentos para el dolor, todo esto ha hecho que la neurociencia haya experimentado un gran desarrollo poniendo de relieve no solo la complejidad del cerebro, sino la relación existente entre las funciones cognitivas, afectivo-emocionales y sensoriales con el sustrato neurobiológico, es decir, con las neuronas y su funcionamiento.

Sin embargo, no es menos cierto que, a pesar de las diferentes líneas de investigación, quedan muchas lagunas acerca del funcionamiento global del cerebro. Una de las cuestiones más complejas de delimitar es el denominado "problema mente-cerebro" el cual consiste en entender cómo se pueden conciliar el cerebro como centro biológico que recibe estímulos, los integra, y, finalmente, da lugar a una respuesta, y la mente, que es el conjunto de actividades y procesos psíquicos especialmente de carácter cognitivo o afectivo. La pregunta que se formula es: ¿son las actividades mentales distintas o idénticas a los procesos cerebrales? ¿Existe evidencia científica experimental de cómo funciona el cerebro de forma conjunta y de manera unitaria en los procesos cognitivos?

Para llegar a tener una idea de lo que es el cerebro se ha elaborado el presente trabajo que se ha dividido en cuatro partes o capítulos. La primera parte consiste en una exposición breve de la anatomía del cerebro y su funcionamiento. En esta parte no se han escatimado esfuerzos para hacer comprensible, ya sea en el texto o mediante la elaboración de figuras, las diferentes estructuras que componen el cerebro. Es muy importante considerar este capítulo dado que sin un conocimiento básico de las partes anatómicas y de la fisiología del cerebro, la lectura de los tres capítulos restantes sería poco comprensible. Por otra parte, debe quedar claro que el "misterio del cerebro" se evidencia precisamente al comprobar que, estando hecho de neuronas, las capacidades que tiene el cerebro sobrepasan el límite de estas células. La segunda parte describe resumidamente las enfermedades del cerebro. La tercera parte plantea si realmente a pesar de todos los conocimientos que se tienen acerca del cerebro se conoce su funcionamiento global. Para ello se elabora una hipótesis de trabajo en base a las características y la propia experiencia de la mente humana. Por último, la cuarta parte consiste en dar cuenta de una serie de aspectos que se relacionan con lo tratado en los tres capítulos anteriores.

Así pues, el objetivo de estas páginas no es hacer una exposición detallada de la anatomía cerebral, ni cómo se configuran las redes neuronales ni tampoco hacer una evaluación precisa de los fenómenos bioeléctricos que tienen lugar en las neuronas, sino poner de manifiesto de manera divulgativa y científica lo que se sabe acerca del cerebro, mediante una visión general, y señalar aquellos interrogantes que persisten intentando arrojar un poco de luz para que ayude a comprender un poco más la belleza del funcionamiento de este órgano.

Capítulo 1

Cómo funciona el cerebro

Formación del cerebro

La formación de este órgano es todo un prodigio, porque desde la concepción entre un óvulo y un espermatozoide hasta su configuración en el recién nacido, se pasa por una serie de fases complejas en las que las diferentes células embrionarias van multiplicándose y distribuyéndose para ir dando forma a lo que será finalmente el cerebro.

Es sabido que el cerebro se origina en el embrión a partir de un grupo de células que forman la capa externa del embrión. Esta capa externa se denomina ectodermo. Para entender este concepto podemos imaginarnos esta capa de células como un "folio de papel" Durante el desarrollo esta capa de células, que la asemejamos a un folio, se pliega juntando los dos bordes dando lugar a un tubo. Pues bien, este tubo que se puede imaginar fácilmente se llama tubo neural, porque precisamente desde esta formación se desarrollará el cerebro. Para ello este tubo va formando unas dilataciones o vesículas que tienen un nombre cada una de ellas: prosencéfalo, mesencéfalo y romboencéfalo.

Progresivamente desde estas vesículas se originan las células precursoras de las neuronas. Posteriormente tiene lugar la diferenciación neuronal, mecanismo por el cual cada neurona adquiere las características morfológicas propias y los contactos sinápticos específicos que las diferencian entre sí.

Anatomía cerebral

El cerebro es el órgano más importante del sistema nervioso. Se localiza en el interior del cráneo y su peso promedio es de unos 1.500 gramos.

Consta de dos hemisferios, unidos por el cuerpo calloso que es un sistema de fibras nerviosas que van de un hemisferio a otro. (Vid. Figura 1).

La superficie cerebral es arrugada por la presencia de circunvoluciones, surcos y cisuras. Estas cisuras dividen cada hemisferio en lóbulos: occipital, frontal, parietal y temporal. (Vid. Figuras 1 y 10).

En general, los lóbulos se sitúan debajo de los huesos que llevan el mismo nombre. Así, el lóbulo frontal se relaciona con el hueso frontal, el lóbulo parietal está debajo del hueso parietal, el lóbulo temporal debajo del hueso temporal y el lóbulo occipital debajo de la región correspondiente al hueso occipital.

La consistencia del cerebro es parecida a la de un flan y en él podemos encontrar dos tipos de sustancias que se denominan sustancia gris y sustancia blanca. La sustancia gris exterior forma la llamada corteza cerebral o córtex, que tiene de 2 a 3 milímetros de espesor. Está formada por neuronas densamente agrupadas que le dan un aspecto grisáceo. (Vid. Figura 2).

La sustancia blanca, situada internamente a la corteza cerebral, está formada por millones de axones que constituyen las fibras nerviosas. Tiene un color blanquecino porque estas fibras están recubiertas de mielina, que es una especie de grasa. La mielina facilita el impulso nervioso (el impulso nervioso es como una corriente nerviosa que viaja por estas fibras).

Dentro de cada hemisferio cerebral hay un centro de sustancia blanca que contiene varias masas grandes de sustancia gris denominadas los núcleos o ganglios de la base. Estos núcleos están formados por un conglomerado de neuronas.

Los núcleos basales tienen un papel importante en la coordinación e integración de la actividad motora, es decir, de las acciones que hacen referencia a los movimientos. Estos núcleos, junto con el cerebelo, reciben información por los impulsos nerviosos que recorren las fibras que vienen desde la corteza cerebral. Esta información se procesa y se envía a otro núcleo de neuronas llamado tálamo, el cual la trasmite de vuelta por otras fibras nerviosas a la corteza cerebral para así influir en el control de las acciones motoras. Los principales complejos nucleares que forman parte de los denominados núcleos basales son: el núcleo caudado y el núcleo lenticular, este último está formado por el núcleo putamen y el núcleo pálido.

El núcleo caudado es un núcleo en forma de C. Se describen en él una cabeza, un cuerpo y una cola. La cabeza es la región más voluminosa. El núcleo lenticular tiene la forma de una cuña. Lateralmente al núcleo lenticular se encuentra la cápsula externa que la separa del claustro, que es otro núcleo, y este último de la corteza insular, que es una parte de corteza cerebral que recubre un pequeño lóbulo del cerebro denominado ínsula. (Vid. Figuras 3, 17 y 13).

Amplias zonas de la corteza cerebral envían fibras a los núcleos caudado y putamen. Estas conexiones están topográficamente organizadas. Otras fibras van desde el tálamo hacia estos núcleos. Existen también fibras que se originan en los núcleos caudado y putamen y terminan en el pálido.

La disfunción de algunos de los componentes de este complejo nuclear produce alteraciones en el control de la postura y movimientos, como ocurre en la enfermedad de Parkinson.

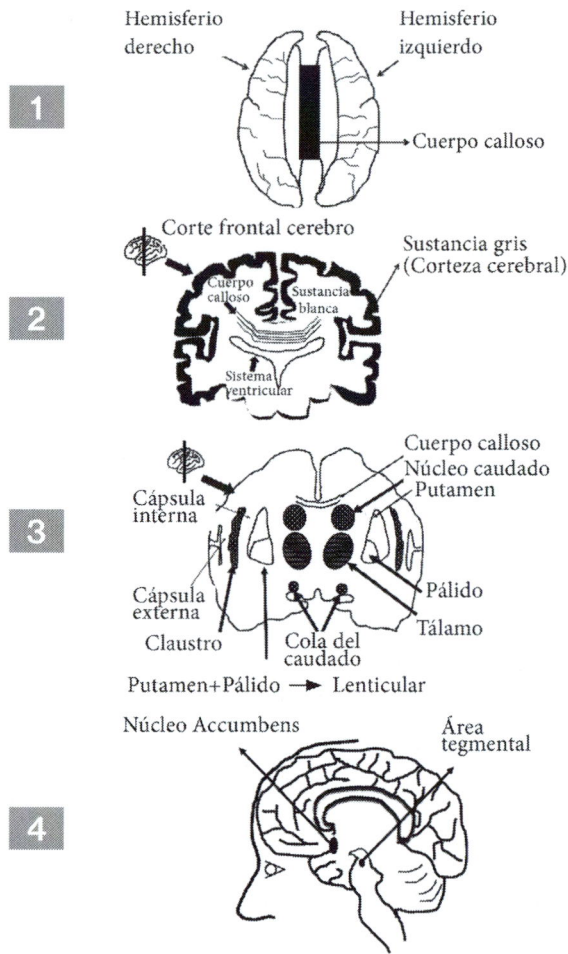

1. Estructuras cerebrales. En la primera figura observamos los hemisferios cerebrales vistos desde arriba y separados. Puede verse el cuerpo calloso que los une en el centro. En el segundo dibujo puede identificarse la corteza cerebral y la sustancia blanca compuesta por fibras como el cuerpo calloso. El sistema ventricular ocupa la parte central del cerebro. En la tercera imagen se muestra los núcleos de la base y el tálamo. Las diferentes flechas señalan los diferentes núcleos y zonas de sustancia blanca. En la última, se observan las partes del cerebro que se relacionan con el placer

El diencéfalo es una región anatómica del cerebro que se divide en dos partes fundamentales: el tálamo y el hipotálamo. (Vid. Figura 17).

El tálamo es la región más grande del diencéfalo. Tiene forma ovoide. La zona anterior del tálamo forma parte del sistema límbico, que más adelante veremos en qué consiste, únicamente mencionar que participa en el procesamiento de las emociones y en mecanismos de memoria reciente. El tálamo recibe fibras nerviosas y a su vez proyecta fibras a la corteza cerebral.

El hipotálamo es una estructura que se encuentra inferiormente al tálamo. Es una zona anatómica extraordinariamente compleja con pequeños núcleos neuronales en su interior. Recibe y proyecta múltiples fibras nerviosas relacionadas con funciones viscerales, olfativas y emocionales. El hipotálamo también establece conexiones con la principal glándula del organismo llamada hipófisis.

Las funciones principales del hipotálamo son:

1. Capacidad de mantener una condición interna estable.
2. Genera sus propias hormonas.
3. Produce factores que estimulan la porción anterior de la glándula hipófisis, que a su vez ejerce un control sobre otras glándulas.
4. Función reguladora de temperatura, sueño y vigilia.

5. El centro del hambre se encuentra en el hipotálamo lateral.
6. Está relacionado con la temperatura, la presión sanguínea, la función muscular.
7. Está relacionado con el comportamiento sexual.
8. Regula el funcionamiento del corazón.
9. Se relaciona con las emociones.
10. Coordina funciones voluntarias y autonómicas. Cuando un individuo enfrenta situaciones estresantes el corazón late a un ritmo más acelerado, la frecuencia respiratoria se altera, se puede producir sudoración, redistribución de flujo sanguíneo, etc.
11. Participa en comportamientos emotivos.
12. Coordina los ciclos que tienen que ver con la luz y la oscuridad.

El cerebro no es un órgano macizo, sino que presenta unas cavidades en su interior que en su conjunto forman el denominado sistema ventricular. Este sistema de cavidades está compuesto por dos ventrículos laterales, el tercer ventrículo, acueducto de Silvio y el cuarto ventrículo. Existe comunicación entre estas cavidades. En el interior del sistema ventricular se encuentra el líquido cefalorraquídeo. El líquido cefalorraquídeo es transparente, llena el sistema ventricular y baña el cerebro ya que existe una circulación de este líquido desde el sistema ventricular a la superficie cerebral donde se absorbe para ir a parar a unos vasos venosos. (Vid. Figura 5). Este líquido tiene funciones de protección del cerebro ante posibles traumatismos y además cumple funciones de nutrición de las neuronas.

Los axones o fibras nerviosas que forman la sustancia blanca están situados por debajo de la corteza. Estas fibras nerviosas se extienden en tres direcciones principales. (Vid. Figuras 6 y 7). Existen distintos tipos de fibra:

Fibras de asociación: que conectan y transmiten los impulsos nerviosos entre las circunvoluciones del mismo hemisferio.

Fibras comisurales: transmiten los impulsos nerviosos entre ambos hemisferios (cuerpo calloso, comisura anterior, comisura posterior. Las comisuras son haces de fibras nerviosas que unen ambos hemisferios a nivel anterior y posterior).

Fibras de proyección: (fascículos ascendentes y descendentes) transmiten impulsos desde el cerebro y otras zonas del encéfalo hacia la médula espinal y viceversa.

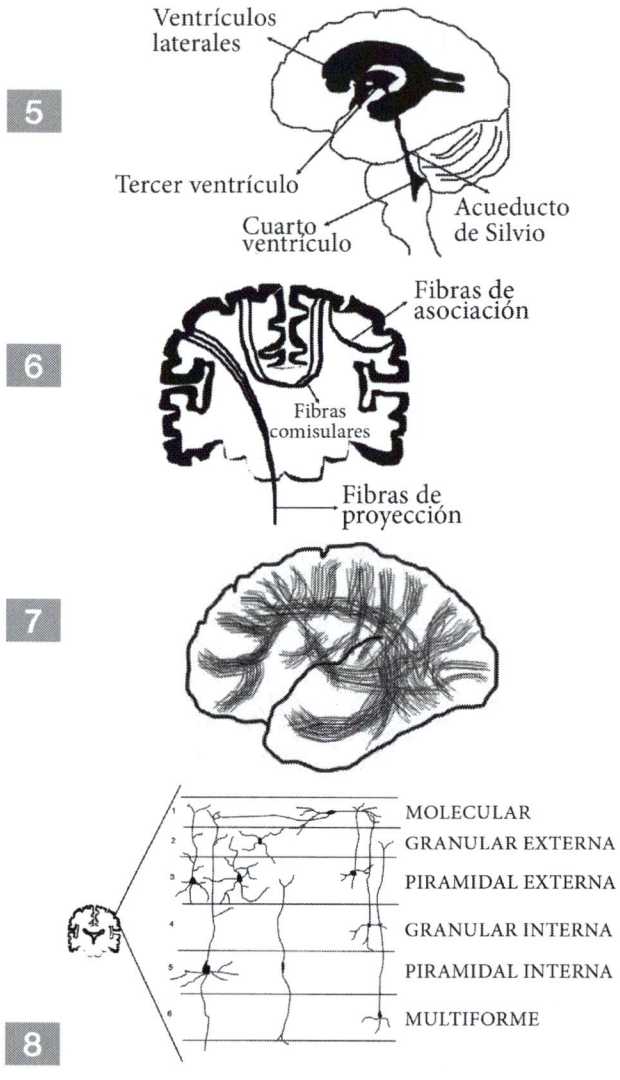

5

Ventrículos
laterales

Tercer ventrículo

Cuarto
ventrículo

Acueducto
de Silvio

6

Fibras de
asociación

Fibras
comisulares

Fibras de
proyección

7

8

MOLECULAR

GRANULAR EXTERNA

PIRAMIDAL EXTERNA

GRANULAR INTERNA

PIRAMIDAL INTERNA

MULTIFORME

2. Estructuras cerebrales II. En la primera figura se observa un esquema del sistema ventricular. Los dos siguientes dibujos (segundo y tercero) muestran los diferentes tipos de fibras de sustancia blanca en el cerebro y un esquema de la distribución de las numerosas fibras cerebrales (en este orden). El último, son las distintas capas celulares de la corteza cerebral

La corteza cerebral está constituida por capas de neuronas. (Vid. Figura 8). Se dividen en:

Capa molecular: es la más superficial. Consiste en la presencia de neuronas y una red densa de fibras nerviosas orientadas tangencialmente.

Capa granular externa: contiene un gran número de pequeñas células piramidales (forma más o menos piramidal) y estrelladas (forma de estrella).

Capa piramidal externa: esta capa está compuesta por células piramidales.

Capa granular interna: esta capa está compuesta por células estrelladas dispuestas en forma muy compacta.

Capa ganglionar (capa piramidal interna): esta capa contiene células piramidales muy grandes y de tamaño mediano.

Capa multiforme (capa de células polimórficas): aunque la mayoría de las células son fusiformes (en forma de huso), muchas son células piramidales.

Áreas de la corteza cerebral

A partir de las diferencias en el espesor de las capas corticales y en el tamaño y forma de las neuronas, el neuroanatomista alemán Korbinian Brodmann identificó, en 1909, 51 divisiones (zonas o áreas) en la corteza cerebral, divisiones que hoy día son conocidas con el nombre de áreas de Brodmann. Cada una de las áreas recibe un número. Esta numeración no tiene un significado especial, sino que responde simplemente al orden en el que fueron examinadas cada una. En algunos casos existe una relación muy estrecha entre la organización microscópica de una región y su función.

En la actualidad el mapa cortical funcional es algo más complejo que el descrito por Brodmann con una nomenclatura a base de números, letras y nombres. En humanos, observando los cambios conductuales concretos que son el resultado de lesiones corticales, y usando imágenes funcionales, como la tomografía por emisión de positrones y la resonancia magnética (de los que hablaremos más adelante), se han identificado algunas funciones de la mayoría de las divisiones identificadas por Brodmann. (Vid. Figuras 9 y 10).

Como resultado de ello, la relación entre la estructura y la función es sorprendente. Por ejemplo, el área 17 corresponde al área primaria visual, y las áreas 18 y 19 a las áreas secundarias visuales. Desde el punto de vista funcional la corteza cerebral puede clasificarse en:

1. Primaria, en donde se produce la percepción del estímulo.
2. Secundaria, se produce la interpretación del estímulo.
3. Terciaria, se produce el reconocimiento de estímulos complejos.

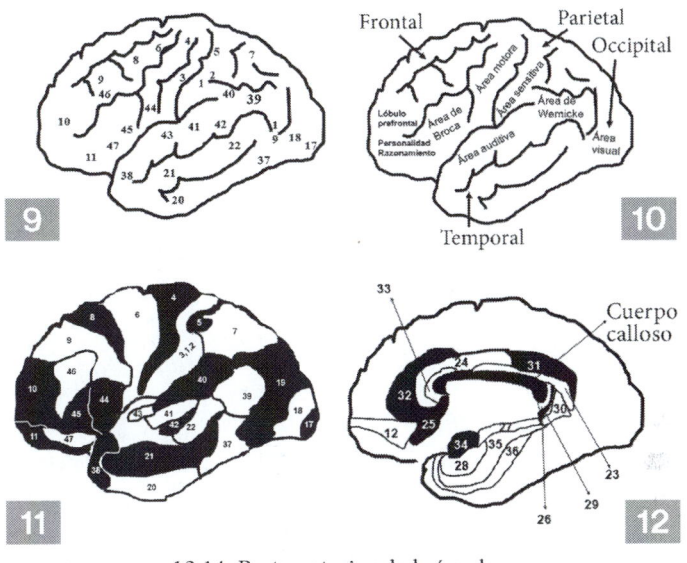

13,14: Parte anterior de la ínsula

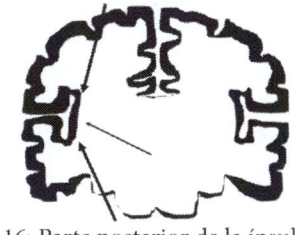

13   15,16: Parte posterior de la ínsula

3. Áreas de Brodmann. En la primera imagen se observan las áreas de la corteza cerebral. La segunda muestra un esquema funcional de éstas áreas cerebrales. El tercer dibujo permite ver las áreas de Brodmann en la superficie cerebral. El siguiente son las áreas de Brodmann en un corte que pasa por la mitad del cerebro, donde se ve el hemisferio por su cara interna. La última imagen son las áreas de Brodmann en el lóbulo de la ínsula

Existen relaciones similares para otras áreas y funciones. A continuación se presentan las relaciones funcionales que se pueden encontrar asociadas a las distintas áreas de Brodmann.

Lóbulo frontal

El lóbulo frontal en el cerebro humano comprende todo el tejido situado por delante de la cisura de Rolando. Esta cisura es un surco más profundo que separa el lóbulo frontal del lóbulo parietal. Esta amplia área está constituida por diferentes regiones funcionales: el córtex motor, el córtex premotor y el córtex prefrontal.

Área Motora Primaria

Corresponde al área 4. (Vid. Figura 11). Las lesiones de esta área provocan una parálisis en la parte corporal contralateral al área específica lesionada, es decir, si existe una lesión en el lado derecho la parálisis aparece en el lado izquierdo.

Córtex Premotor

En el córtex premotor se encuentran diferentes regiones específicas, y todas ellas influyen directamente en los movimientos a través de las fibras nerviosas corticoespinales, que van desde la corteza cerebral a la médula espinal. El córtex premotor tiene funciones en el control de los movimientos de las extremidades y los ojos. Las áreas motoras y premotoras pueden ser consideradas como parte de un sistema funcional para el control directo de los movimientos. Corresponde a las áreas 6, 8 y 44 (Vid. Figura 11) (área de Broca que corresponde a una zona del córtex o corteza cerebral relacionada con el lenguaje). Las lesiones focales dan lugar a una incapacidad para llevar a cabo un movimiento intencional, aun no existiendo parálisis.

Área Ocular Frontal

Incluye partes de las áreas 8 y 9 (Vid. Figura 11) y se localiza inmediatamente por delante del área 6. Una lesión de un lado produce una desviación transitoria de los ojos hacia el mismo lado y la parálisis de la mirada contralateral.

Área Motora Suplementaria

Es la extensión de las áreas 6 y 8. (Vid. Figura 11). Esta área contiene la programación necesaria para los movimientos complejos relacionados con varias partes del cuerpo.

Córtex Prefrontal

El córtex prefrontal incluye las áreas 9, 10, 45, 46 y 47, 11, 12, 13, 14, 32, 24 y 25. (Vid. Figuras 11, 12 y 13). La función principal del córtex prefrontal es la organización de la conducta y razonamiento. Interviene en la atención y motivación.

Lóbulo parietal

En la corteza parietal se distinguen las siguientes regiones: áreas 3, 1 y 2, áreas 5 y 7, área 43, áreas 39 y 40. (Vid. Figura 11).

Área Somatosensorial Primaria

Áreas 3, 1 y 2. (Vid. Figura 11). Está asociada con una región concreta del cuerpo y se relaciona directamente con la sensibilidad de dicha región. Las lesiones en estas áreas producen alteraciones en las funciones táctiles.

Área Gustativa

Área 43. Su lesión produce una ausencia de gusto.

Áreas de Asociación

Son áreas que tienen como función integrar la información sensitiva con información motora.

Área 5. (Vid. Figura 11). Tiene un papel importante en dirigir los movimientos mediante la información que proporciona sobre la posición de los miembros.

Áreas 7, 39 y 40. (Vid. Figura 11). Están relacionadas con los aspectos espaciales, y en el hemisferio izquierdo con la lectura y gramática. Las áreas de asociación parietal procesan la información táctil y visual y están directamente implicadas en el conocimiento del cuerpo y de los objetos que lo rodean. También son importantes para la ejecución ordenada o secuencial de actividades. Las lesiones de estas áreas se asocian a la falta de reconocimiento.

Lóbulo temporal

Corteza Auditiva (áreas 41, 42 y 22) y Corteza Visual (áreas 20, 21, 37 y 38). (Vid. Figura 11).

Los síntomas de las lesiones del lóbulo temporal son los siguientes: alteración de la sensación y percepción auditiva, en la atención selectiva auditiva y visual, en la percepción visual, en la organización y categorización del material verbal, en la comprensión del lenguaje, en la personalidad y conducta afectiva, en la memoria a largo plazo y en la conducta sexual.

Lóbulo occipital
<u>Corteza Visual Primaria o Estriada</u>
Área 17. Las lesiones de un lado del área 17 producen una hemianopsia homónima contralateral, lo que equivale a una falta de visión en dos mitades del campo visual.

<u>Áreas de Asociación Visual</u>
Están formadas por las áreas 18 y 19. (Vid. Figura 11). Son imprescindibles en las percepciones visuales complejas relacionadas con el color, movimiento, dirección de los objetos, etc. Las lesiones de estas áreas (y las regiones temporales adyacentes) provocan una incapacidad para reconocer objetos y sus colores.

Conexiones corticales

Toda la información que recibe la corteza cerebral procede de núcleos nerviosos. También existen conexiones entre zonas (áreas) de la corteza cerebral con otras zonas (áreas) de la misma corteza, es lo que se denominan conexiones córtico-corticales. Las funciones de estas conexiones están relacionadas con la amplificación o modulación de la actividad cortical, es decir, del funcionamiento del conjunto de neuronas que forman la corteza cerebral o córtex.

¿Cómo se organiza la corteza para posibilitar que la información que poseemos de las cosas se transforme en una información coherente y unificada?

Así, cuando miramos la cara de una persona, la forma, el color y el tamaño de la cara se combinan para darnos una representación unificada. Probablemente es debido a las conexiones córtico-corticales mencionadas anteriormente que permiten unificar la información fraccionada.

Hay que considerar que no existe un área que pueda representar por completo el sistema perceptivo o estado mental. Todas las áreas tienen conexiones internas a través de fibras nerviosas. Uno de los aspectos más destacables de la conexión cortical es la propiedad de la retroalimentación. Es un mecanismo mediante el cual un área cortical puede influenciar en la actividad de aquella área que le ha enviado información.

Es probable que cada zona cortical realice más de una operación que es transmitida a diferentes áreas corticales. No existe un área que reciba toda la información del resto de áreas.

Irrigación cerebral

El cerebro es un órgano muy vascularizado, es decir, tiene millones de capilares o vasos sanguíneos de muy pequeño diámetro que proporcionan sangre oxigenada a las neuronas. Un cerebro humano adulto necesita como promedio unos 150 g de glucosa y 72 litros de oxígeno cada 24 h. Consume el 20% del oxígeno sanguíneo. Estas exigencias metabólicas se satisfacen mediante el aporte aproximado de 800 ml de sangre arterial por minuto. Dado que la neurona carece de metabolismo anaerobio (sin oxígeno), es especialmente frágil a la falta de aporte sanguíneo (isquemia).

El aporte sanguíneo cerebral procede de dos sistemas arteriales: las arterias carótidas internas que aportan el 70% de la irrigación cerebral y las arterias vertebrales que aportan el 30% de la irrigación. Las arterias carótidas son las que recorren el cuello lateralmente. Las arterias vertebrales también se localizan en el cuello pero posteriormente pasando por unos agujeros que forman parte de la columna vertebral cervical.

Los hemisferios cerebrales se encuentran irrigados a partir de tres troncos arteriales: arteria cerebral anterior, media y posterior. Estos troncos irrigan todo el cerebro mediante una red difusa de capilares. (Vid. Figuras 14, 15 y 16).

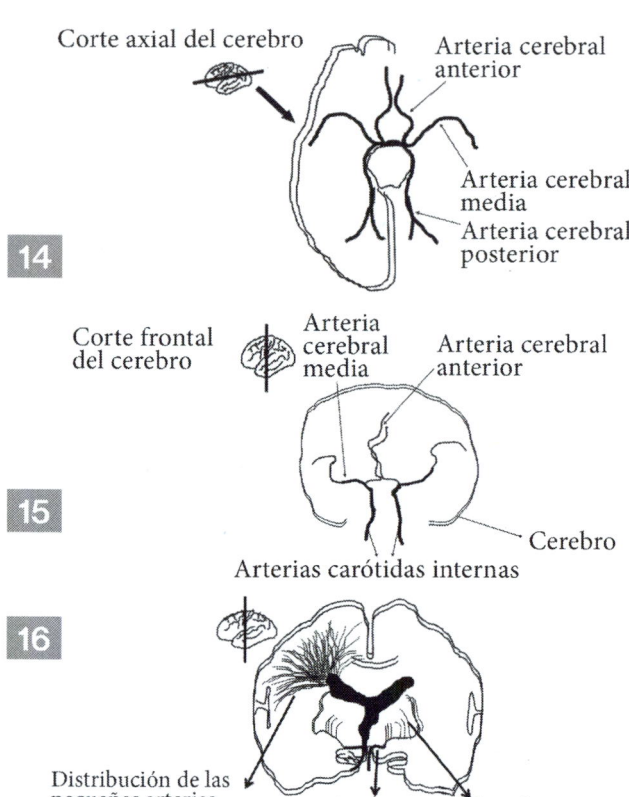

Corte axial del cerebro

Arteria cerebral anterior

Arteria cerebral media

Arteria cerebral posterior

14

Corte frontal del cerebro

Arteria cerebral media

Arteria cerebral anterior

15

Cerebro

Arterias carótidas internas

16

Distribución de las pequeñas arterias cerebrales

Arteria cerebral media

Arterias lenticuloestriadas

4. Irrigación cerebral. En la primera de las figuras se muestra un dibujo de las principales arterias que irrigan el cerebro. La segunda es un esquema de la irrigación cerebral. El último dibujo se trata de un esquema de la vascularización intracerebral

Cerebro y emociones: el sistema límbico

El sistema límbico está formado por diversas estructuras encefálicas que se relacionan con la función afectivo-emocional y, por tanto, con procesamientos neurales relacionados con la memoria, la atención, la integración visceral y cognitiva o el establecimiento de los patrones conductuales. (Vid Figura 17).

Tradicionalmente se ha asociado el conjunto de estructuras que conforman el sistema límbico con el sustrato cerebral que posibilita la experimentación de los diferentes fenómenos emocionales. El autor al que se le atribuye el término "sistema límbico" es Paul MacLean (1952), quien describe un conjunto formado por estructuras corticales y subcorticales relacionadas fundamentalmente con la expresión, regulación y control de las emociones.

Las estructuras que tradicionalmente se consideran parte del sistema límbico incluyen:

La amígdala o complejo amigdalino, que está constituida por una serie de masas neuronales y fibras nerviosas constituyendo un gran complejo nuclear ubicado en el polo temporal del cerebro. Está especialmente vinculada a las experiencias generadoras de miedo y a conductas agresivas.

El hipotálamo, que activa el organismo para hacer frente ante una situación determinada.

El hipocampo, que se localiza en el polo anterior de los lóbulos temporales. Está relacionado con la memoria de corto plazo y con el aprendizaje. El daño bilateral a esta estructura provoca una profunda incapacidad para recordar algo nuevo, una condición conocida como amnesia anterógrada.

El área septal, vinculada a las conductas de supervivencia y del placer.

El tálamo, que tiene importancia sobre la regulación de la conducta emocional, esto se debe a las conexiones con otras estructuras del sistema límbico.

La corteza cingulada, que tiene un importante efecto sobre la atención, selección de la respuesta y conducta emocional.

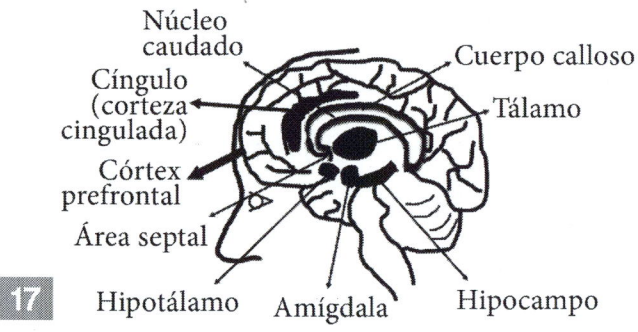

5. **El sistema límbico. En el presente dibujo se observa un esquema de las estructuras cerebrales involucradas en el sistema límbico**

Memoria y cerebro

La memoria es la capacidad para retener y hacer un uso secundario de una experiencia. La memoria, en realidad, nos permite retener nuestra lengua materna y otras lenguas que podamos haber aprendido, mantener nuestros hábitos, nuestras habilidades motoras, nuestro conocimiento del mundo y de nosotros mismos, de nuestros seres queridos, y referirnos a ellos durante nuestra vida.

Por memoria a corto plazo se entiende el recuerdo de información de forma inmediatamente posterior a su presentación o su recuperación ininterrumpida. Por otro lado, la memoria a largo plazo hace referencia al recuerdo de información tras un intervalo en el que la atención del sujeto se centra en aspectos distintos del objetivo.

El funcionamiento normal de la memoria depende, esencialmente, de los lóbulos temporales, el diencéfalo y de los lóbulos frontales.

En el **lóbulo temporal** encontramos el hipocampo. Es una estructura nerviosa que está altamente interconectada con la corteza del lóbulo temporal. Este sistema, pues, permite crear recuerdos que aglutinen diversos aspectos de las experiencias de la memoria, incluyendo información visual, auditiva y somatosensorial (el término somatosensorial hace referencia a aquellos componentes nerviosos que reciben e interpretan información sensorial de órganos situados en articulaciones, ligamentos y músculos. Este sistema procesa información sobre longitud, grado de estiramiento, tensión y contracción de los músculos, dolor, temperatura, presión y posición de la articulación).

El **diencéfalo,** cuyas estructuras fundamentales son el tálamo y el hipotálamo con sus núcleos y conexiones, está relacionado con los procesos de organización temporal de los recuerdos recientes y antiguos.

A nivel de los **lóbulos frontales** hay interconexión con otras zonas cerebrales, que reciben fibras nerviosas de todas las modalidades sensoriales, tienen extensas conexiones bidireccionales con el hipocampo y la amígdala, y se les ha atribuido una clara relación con la memoria y la emoción.

Lenguaje y cerebro

Hay tres sistemas principales que sustentan funcionalmente el lenguaje.

1. Un sistema operativo o instrumental, que ocupa la región del hemisferio dominante y que incluye el área de Broca y el área de Wernicke. (Vid. Figura 10).
2. Un sistema semántico, que abarca grandes extensiones corticales de ambos hemisferios.
3. Un sistema intermedio organizado modularmente, que sirve de mediación entre los dos anteriores y que se ubica alrededor del sistema instrumental.

Dentro del sistema operativo, el área de Broca es parte de un sistema neural involucrado en el ordenamiento de fonemas en palabras y de estas en la oración (aspectos relacionales del lenguaje, gramática), pero también es el sitio de acceso a verbos y palabras funcionales. El área de Wernicke es un procesador de los sonidos del habla que recluta el *input* auditivo para que se cartografíen como palabras y se utilicen, subsecuentemente, para evocar conceptos. Su función es la descodificación fonémica y no la interpretación semántica, es decir, entender el sonido pero no su significado o coherencia. Existe un tercer componente dentro del sistema instrumental, ubicado en la región parietal inferior, que participa en la memoria fonológica de corto plazo.

Las regiones posteriores del lenguaje (Wernicke) se conectan con las áreas motoras y premotoras a través de dos vías:

1. Vía directa córtico-cortical. (Vid. Figura 7).
2. Vía córtico-subcortical, que involucra los ganglios basales del hemisferio izquierdo y el tálamo.

La primera es la que empleamos en el aprendizaje asociativo e implica un control más elevado y consciente, mientras que la segunda corresponde al aprendizaje de hábitos.

En cuanto al sistema intermedio o de mediación, él mismo se organiza modularmente y, según las investigaciones, cada módulo participa en distintos tipos de conceptos y palabras.

Entre las distintas teorías científicas que explican el funcionamiento del lenguaje humano se encuentra la gramática generativa de Noam Chomsky, también denominada biolingüística. Esta teoría postula la existencia de una estructura mental innata que permite la producción y comprensión de cualquier enunciado en cualquier idioma natural mediante la conexión de sonidos y significados. Este dispositivo, que es el responsable del desarrollo lingüístico en los humanos, se conoce como dispositivo de adquisición del lenguaje (LAD, por sus siglas en inglés). Chomsky considera que la facultad del lenguaje está instaurada en la mente/cerebro como una especie de órgano, que permite la comprensión y producción de cadenas lingüísticas mediante una serie de cómputos llevados a cabo de forma totalmente inconsciente.

Lenneberg agregó que sería necesario explicar en qué consiste eso de entender o comprender una lengua, en términos biológicos, y dijo, entonces, que habría necesidad de entender tal conocimiento como una serie de procesos fisiológicos o estados de actividad cerebral. La información más reciente muestra que estos centros funcionan en cadena y que cuando se lesionan en una región determinada, estas funciones afectadas son trasladadas o recuperadas por otra área cerebral. La función cerebral en el procesamiento del lenguaje debe ser entendida como una red de comunicaciones y no como la especialización compartimentada de centros de actividad cerebral. La investigación clínica con métodos más recientes pone de relieve que la lengua está organizada en el cerebro, en una serie de sistemas separados para diferentes funciones lingüísticas. Estos sistemas que recogen información sobre la organización cerebral del lenguaje se han observado en estudios de personas en situaciones clínicas determinadas. La información establece un nexo entre el lenguaje y la organización cerebral. Se da con frecuencia el caso de un cambio o alteración o deficiencia funcional del cerebro que se refleja en la conducta lingüística. Así es como se establece que cierta función lingüística corresponde a tal región del cerebro.

Paradis dice que algunos estudios de pacientes con lesiones cerebrales indican que para procesar diferentes lenguas hay diferentes áreas del cerebro. Las diferentes áreas para diversas lenguas se encontraron en la corteza de la región frontal y temporoparietal. También se ha dado el caso de lesiones en varias áreas de la corteza que afectan diferentes clases de palabras. Es de anotar que los resultados de la investigación indican que parece que varios componentes del sistema de la corteza para el funcionamiento de la lengua operan en forma paralela.

Según Ojemann, este paralelismo incluye áreas frontales y temporoparietales, al mismo tiempo que incluye neuronas dispersas que pertenecen al mismo sistema. Aunque antes se había creído que el tálamo no tenía ningún papel en el funcionamiento del lenguaje, últimamente se ha revelado que en pacientes con deficiencias lingüísticas se han encontrado lesiones en el tálamo. El cerebelo también está incluido en las estructuras subcorticales que afectan al funcionamiento del lenguaje.

La resonancia magnética funcional también ha supuesto un avance esencial en el estudio del lenguaje. Dicha técnica es un procedimiento que utiliza imágenes de resonancia magnética para medir los pequeños cambios metabólicos que ocurren en una parte activa del cerebro. Podemos saber qué área de la corteza cerebral se activa al ejercer una función concreta como por ejemplo hablar. Más adelante se expondrá con más extensión cuando hablemos de la alta tecnología en el cerebro.

La posibilidad de explorar en una persona consciente la actividad cerebral y relacionarla con tareas que exploran diferentes aspectos del lenguaje ha permitido revaluar las teorías clásicas del lenguaje, basadas en modelos de estimulación o de lesiones en el cerebro humano. Hoy conocemos áreas cerebrales que participan en el procesamiento de distintos aspectos del lenguaje, áreas temporales en los aspectos semánticos, y otras áreas frontales en los aspectos sintácticos. En relación con el estudio de la lectura, este tipo de estudios permiten dibujar lo que Ardila denomina el "sistema cerebral de la lectura", esto es, se trata de un sistema formado por diversos componentes cerebrales que tienen que ver con la lectura. Entre las áreas de la corteza cerebral que lo forman se encuentran áreas del lóbulo occipital responsables del reconocimiento visual de letras y palabras, áreas parieto-temporo-occipitales (es decir, zonas de la corteza cerebral de los lóbulos parietales, temporales y occipitales) que participan en las asociaciones entre información visual y auditiva, y áreas del lóbulo temporal responsables del reconocimiento de las palabras. En definitiva, todas las regiones cerebrales necesarias para reconocer el lenguaje escrito. Otra de las aportaciones importantes de la resonancia magnética funcional al estudio del lenguaje ha sido la de conocer de manera más precisa la participación del hemisferio derecho, responsable del componente afectivo que incluye la entonación, acentuación y el ritmo del lenguaje, así como la capacidad plástica de asumir las funciones de hemisferio dominante en niños y adolescentes cuando se produce una lesión en el hemisferio izquierdo.

Otros estudios con resonancia magnética funcional donde se ha comparado la activación cerebral ante textos coherentes e incoherentes han implicado también al hemisferio derecho en el establecimiento de la coherencia de discurso.

Cálculo y cerebro

La aplicación de las técnicas de neuroimagen, en especial la resonancia magnética funcional, en el estudio del procesamiento numérico y el cálculo ha supuesto un avance notable en la investigación, dado que se han podido establecer las bases neurales del procesamiento numérico. Los estudios realizados confirman que el lóbulo parietal se relaciona con el procesamiento aritmético y tareas de cálculo. El giro angular sería más importante en el procesamiento de las tareas aritméticas dependientes del lenguaje. El giro angular se localiza en el área 39 de Brodmann. (Vid. Figura 9).

Es conocida la intervención de otras regiones cerebrales en la realización de tareas aritméticas, como las regiones prefrontales, cerebelo y núcleos basales.

Neuronas

Las neuronas son las células más características y estudiadas del sistema nervioso. Se componen de tres partes: las dendritas, el cuerpo celular y el axón. El cerebro consta de 100.000 millones de neuronas. Miden menos de 0,1 milímetros. Junto a las neuronas existen una serie de células acompañantes que participan en la nutrición y soporte de las neuronas y que son principalmente los astrocitos y oligodendrocitos. Las dendritas son vías de entrada de los impulsos nerviosos a las neuronas y los axones son vías de salida. (Vid. Figura 18).

Las neuronas se clasifican de muchas maneras. Por el número de prolongaciones:

Monopolares: Tienen una sola prolongación.
Bipolares: Tienen dos prolongaciones.
Multipolares: Son las más típicas y abundantes. Poseen un gran número de prolongaciones.

Por la función:

Sensitivas: Las que transmiten impulsos producidos por los receptores de los sentidos.

Motoras: Las que transmiten los impulsos que llevan las respuestas hacia los órganos encargados de realizar acciones motoras.

De asociación: Unen entre sí neuronas de diferentes tipos.

Las fibras nerviosas o axones pueden ser de dos tipos:

Mielínicas, llamadas así por estar recubiertas con una membrana muy rica en fosfolípidos (sustancia grasa) llamada mielina y se enrolla varias veces alrededor de la fibra nerviosa, constituyendo una especie de cubierta llamada vaina de mielina (sería parecido al aislante que recubre un hilo de cobre por donde pasa la corriente eléctrica). Hay puntos en que esa cubierta queda interrumpida, recibiendo esas zonas el nombre de "nodos de Ranvier". El impulso nervioso avanza a saltos, de nodo en nodo, para alcanzar la velocidad que le es propia.

Amielínicas o desnudas, son las fibras que no están recubiertas por vaina de mielina. El impulso nervioso avanza recorriendo todo el axón, por lo que no va tan rápido.

En la corteza cerebral se pueden encontrar los siguientes tipos de neuronas:

Células piramidales: Llevan ese nombre por su forma similar a una pirámide.

Células estrelladas: Poseen múltiples dendritas que les dan una apariencia de estrella.

Células fusiformes: Tienen forma de huso.

Células horizontales de Cajal: Son pequeñas células fusiformes orientadas horizontalmente que se hallan en las capas más superficiales de la corteza.

Células de Marinotti: Son pequeñas células multiformes presentes en todos los niveles de la corteza.

Mención especial merecen las denominadas neuronas en espejo. Son un grupo de células que fueron descubiertas por el equipo del neurobiólogo Giacomo Rizzolatti y que parecen estar relacionadas con los comportamientos empáticos, sociales e imitativos. Su misión es reflejar la actividad que estamos observando. Este sistema neuronal permite hacer propias las acciones, sensaciones y emociones de los demás. Una neurona espejo, por lo tanto, es una célula nerviosa que se activa en dos situaciones: al ejecutar una acción o al observar ejecutar una acción. Este tipo de células se encuentran ubicadas en la corteza del lóbulo frontal, cercanas a la zona del lenguaje.

Las neuronas espejo son las células encargadas de hacernos bostezar cuando una persona bosteza, o de que nos encontremos imitando un gesto, sin saber por qué, de alguien cercano a nosotros.

Además, las neuronas espejo desempeñan un papel fundamental en la psicología, en lo relacionado con la empatía, el aprendizaje por imitación y la conducta de ayuda a los demás.

Sinapsis

La sinapsis es una unión intercelular especializada entre neuronas. En estos contactos se lleva a cabo la transmisión del impulso nervioso. Una neurona tiene tres zonas principales como se ha mencionado anteriormente: el cuerpo o soma, las dendritas y el axón. Estos dos últimos elementos son los encargados de establecer las relaciones sinápticas. En una sinapsis se observan los botones dendríticos, que consisten en unas proyecciones citoplasmáticas con forma de hongo desde cada célula. Entre ambos botones sinápticos queda un canal de unos 20 nm de ancho y se conoce como hendidura sináptica. Por tanto, no existe una continuidad homogénea entre las neuronas sino que a nivel de las sinapsis hay un espacio por el que se liberan unas moléculas llamadas neurotransmisores que al incorporarse en unos receptores hacen que continúe el impulso nervioso.

Solo la neurona presináptica segrega los neurotransmisores. (Vid. Figura 19).

Impulso nervioso

Para entender lo que es un impulso nervioso habrá que acudir a un símil: hay que imaginárselo como una corriente eléctrica que pasa por un cable de cobre envuelto con una capa de plástico aislante. El cable de cobre sería la fibra nerviosa por donde pasa el impulso nervioso y la capa de plástico sería la mielina que envuelve la fibra. No obstante, la similitud no es exactamente igual a lo que ocurre en un axón o fibra nerviosa. Hay que tener en cuenta que el axón de la neurona es una prolongación de la misma y por consiguiente tiene una membrana que separa el citoplasma o interior de la célula del medio externo que lo rodea. Digamos que el medio interno sería aquel que se encuentra dentro de la célula nerviosa y el medio externo es el que está entre las neuronas. Entre las neuronas, por decirlo de alguna manera, hay un espacio que sería el medio externo. Además, el aislante no es continuo, como hemos dicho, sino que hay zonas que carecen del mismo. Esto debe ser así porque de esta forma el impulso nervioso avanza a gran velocidad por las fibras. La explicación de este fenómeno es compleja y excedería los límites de este libro. Dicho esto, ahora estamos en condiciones de definir qué significa que una membrana de un axón está en reposo. Esto quiere decir que fuera de la membrana, en el medio externo, hay mayor cantidad de sodio y una concentración más baja de potasio. Para mantener este desequilibrio, hay un mecanismo que constantemente expulsa sodio de la célula e introduce potasio utilizando la energía del metabolismo. Pues bien, una membrana en reposo quiere decir que fuera de la membrana hay mucha más carga positiva por el sodio que en el interior de la célula que es más negativo porque no hay tanto sodio.

El impulso nervioso (que es similar a una corriente eléctrica) se inicia con un estímulo en la membrana de manera que el mecanismo que constantemente expulsa sodio de la célula e introduce potasio parece detenerse momentáneamente, de esta forma el sodio difunde en forma pasiva y con rapidez hacia el interior de la célula. La entrada de cargas positivas por el sodio hace que el lado intracelular sea ahora positivo con respecto al extracelular o medio externo a la membrana.

Una vez desencadenado el impulso en un punto determinado de la membrana, se comienza a prolongar a lo largo de la misma por toda la fibra nerviosa. Esto se debe a que la zona en que ha habido una inversión de las cargas por la entrada de sodio atrae cargas vecinas, y se origina una reacción autocontinuada que avanza por todo el axón. De esta manera, el impulso es trasladado hacia las zonas más distantes de la neurona como si fuera una corriente eléctrica. Por tanto, la conducción del impulso nervioso se debe a la distribución del sodio y potasio a cada lado de la membrana plasmática que rodea al citoplasma del axón.

Inmediatamente después de haber ocurrido el estímulo la membrana vuelve a su condición original.

Para entender mínimamente este apartado, hay que tener en cuenta que los millones de fibras o axones que hay en el cerebro están transmitiendo información constantemente mediante miles de millones de impulsos nerviosos. Es difícil de imaginar esa actividad tan importante. Para simplificarlo un poco se puede poner un ejemplo. Si alguien toca una sartén que está en el fuego, rápidamente retira el dedo porque se quema. Esto ocurre en décimas de segundo. En el dedo tenemos unas terminaciones nerviosas que ante el estímulo de la temperatura alta inician un impulso nervioso tal como hemos explicado antes. Este impulso va por las fibras nerviosas de los nervios del brazo llegando al cerebro en donde tendremos la percepción de que nos quemamos. En el cerebro, esta percepción inicia otro impulso nervioso que se dirigirá por las fibras nerviosas que van desde el cerebro a los músculos del brazo que harán que retiremos el dedo. Esto mismo se podría aplicar a los demás sentidos como la vista o el oído y también en todas las funciones cerebrales que puedan estar implicadas en el pensamiento, cognición, etc. (Vid. Figura 20).

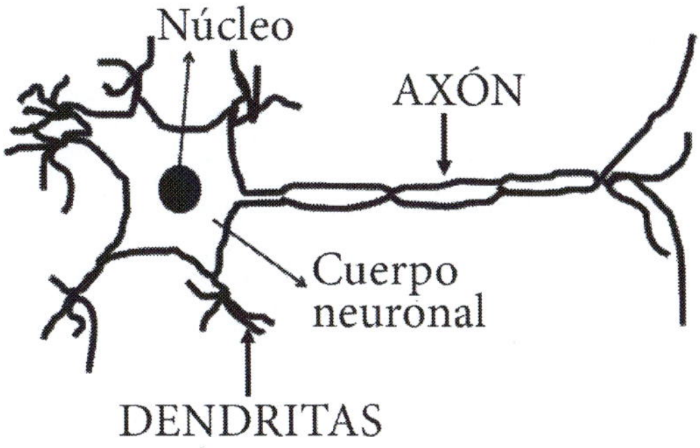

Núcleo

AXÓN

Cuerpo
neuronal

18

DENDRITAS

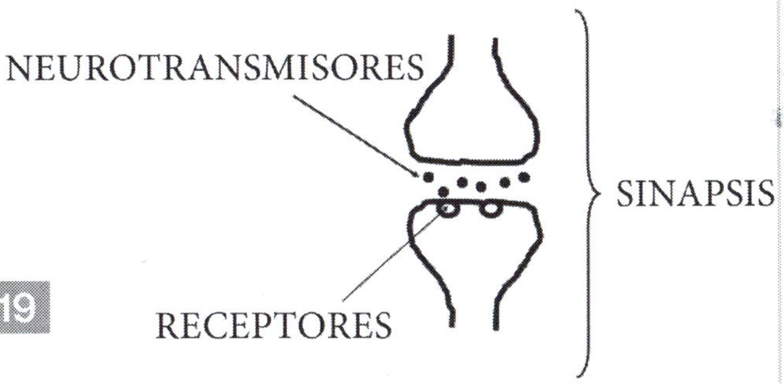

NEUROTRANSMISORES

SINAPSIS

19

RECEPTORES

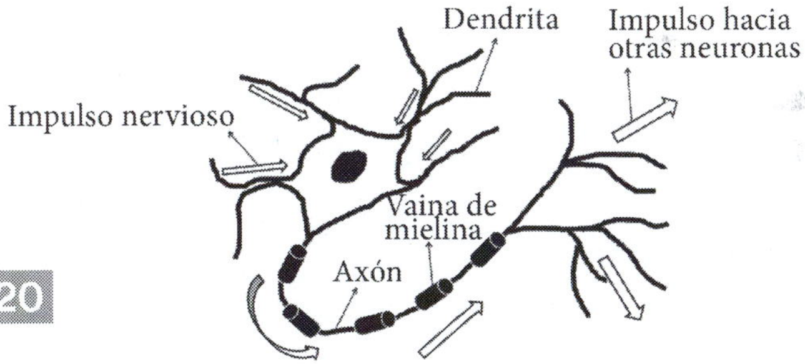

Dendrita   Impulso hacia
otras neuronas

Impulso nervioso

Vaina de
mielina

20   Axón

6. Neuronas, sinapsis e impulso nervioso. Vemos en la primera figura el esquema de una neurona. En la segunda, un dibujo de la estructura de una sinapsis, y en la tercera, observamos que las flechas blancas nos indican la dirección del impulso nervioso en una neurona

Transmisión sináptica

El impulso cuando se transmite de una neurona a otra no lo hace por los mecanismos descritos anteriormente, dado que entre dichas membranas no existe ningún contacto físico. Ya hemos dicho que en el extremo final de cualquier axón existen unas vesículas sinápticas, estas presentan en su interior unas sustancias conocidas con el nombre de neurotransmisores. Dependiendo de qué lugar ocupe la neurona en el organismo, esta contendrá en su interior distintas sustancias neurotransmisoras. Una vez que el impulso llega a la parte final del axón, se abren unos canales permitiendo así la entrada de calcio. En ese momento la vesícula se rompe y deja salir las sustancias neurotransmisoras en la hendidura sináptica. Dichas sustancias entran en contacto con los receptores de la membrana postsináptica ejerciendo sobre ella la acción de un estímulo, de manera que se genera un nuevo impulso nervioso en la neurona contigua.

El neurotransmisor una vez que llega a la dendrita y provoca el impulso debe ser eliminado, para que el impulso no sea indefinido. Esto se logra por la acción de una enzima específica que degrada al neurotransmisor en la sinapsis o por la recaptación del neurotransmisor por la parte terminal del axón que lo secretó.

Siguiendo con el ejemplo de antes, cuando tocamos la sartén caliente el impulso va por las fibras nerviosas de los nervios del brazo, pero al llegar al cerebro, el impulso desde las fibras tiene que transmitirse a otras neuronas, esto se realiza por las sinapsis.

Neurotransmisores

Los neurotransmisores son productos químicos cuya misión es comunicar a las neuronas entre sí. Hay diferentes tipos de neurotransmisores (Tabla 1).

Neurotransmisor	Función
Acetilcolina	Relacionado con la memoria
Serotonina	Relacionado con el sueño y emociones
Histamina	Relacionado con las emociones, regulación de la temperatura y balance de agua
Dopamina	Relacionado con emociones/ánimo; regulación del control motor, placer
Epinefrina	Relacionado con emociones
Norepinefrina	Relación con respuestas emocionales
Glutamato	El neurotransmisor excitatorio más abundante del sistema nervioso central
GABA	El neurotransmisor inhibitorio más abundante del sistema nervioso central
Sustancia P	Sensaciones de dolor
Encefalinas	Actúan como opiáceos para bloquear el dolor
Endorfinas	Actúan como opiáceos para bloquear el dolor

1. Principales neurotransmisores

Plasticidad cerebral

La neuroplasticidad es la capacidad de las células del sistema nervioso para regenerarse anatómica y funcionalmente, después de estar sujetas a influencias patológicas, ambientales o del desarrollo. La plasticidad cerebral es la adaptación funcional del sistema nervioso central para minimizar los efectos de las alteraciones estructurales o fisiológicas. Ello es posible gracias a la capacidad que tiene el sistema nervioso para experimentar cambios estructurales-funcionales, los cuales pueden ocurrir en cualquier momento de la vida. Pese a la mayor capacidad de plasticidad en el tejido cerebral joven, es necesario reconocer que en todas las edades hay probabilidades de plasticidad cerebral. Los mecanismos por los que se llevan a cabo los fenómenos de plasticidad son histológicos (de las propias neuronas), bioquímicos (reacciones químicas de las neuronas) y fisiológicos (del propio funcionamiento global de las neuronas).

Estudios clínicos y experimentales permiten localizar las estructuras cerebrales que asumen la función que se realizaba antes de una lesión cerebral. Esto es posible dada la cierta regeneración dendrítica y/o axonal después de lesiones. Existen conexiones neuronales que incrementan su nivel de actividad cuando ocurre la muerte de un grupo de neuronas que estaban involucradas en una determinada función.

La plasticidad sináptica puede ser debida a las propias experiencias del sujeto que interacciona activamente con otras personas y su entorno físico. La plasticidad independiente de experiencia se refiere a los cambios en el número y/o la función de las sinapsis que se dan como consecuencia de la expresión programada de determinados genes sin que medien factores experienciales.

La plasticidad sináptica, y especialmente la relacionada con la experiencia, puede contribuir a la reorganización cerebral que ocurre después de la lesión en ciertas regiones neurales o tras la privación sensorial causada, por ejemplo, por la ceguera o la sordera. Así, se ha visto que la región de la corteza cerebral que procesa estímulos visuales en las personas videntes suele procesar estímulos auditivos o táctiles en las personas con ceguera congénita o precoz. Por ejemplo, la lectura en braille (una tarea que involucra el tacto y el control motor) puede activar las áreas "visuales" del cerebro en los ciegos. Otro caso parecido es el de las personas con sordera precoz. En este caso, es habitual que las áreas cerebrales que generalmente procesan estímulos auditivos suelan procesar estímulos de otras modalidades sensoriales (táctiles o visuales, principalmente).

Actividad eléctrica cerebral: el electroencefalograma

En 1870, durante una guerra, los médicos prusianos Hitzig y Fritsch observaron que, al estimular mediante corriente galvánica (corriente continua y de intensidad constante) en determinadas áreas del cerebro, se producían movimientos en el lado opuesto del cuerpo. Cinco años después, Richard Caton descubrió señales eléctricas procedentes directamente de la superficie de cerebros expuestos de animales. En 1929 Hans Berger descubrió que era posible registrar las débiles corrientes eléctricas que se generan en su interior (un millón de veces menos intensas que la pila de un mando a distancia de TV) sin abrir el cráneo. Berger llamó a esta nueva forma de registro electroencefalograma (EEG) y estableció las bases de una técnica de gran importancia en el estudio funcional del cerebro. Esta técnica sencilla, barata y no invasiva se ha desarrollado durante el último siglo y ha alcanzado grandes cuotas de utilización tanto en la investigación como en el diagnóstico médico rutinario.

Hoy en día los registros EEG son mucho más completos. Se utiliza un gran número de electrodos colocados sobre la superficie del cráneo para explorar la actividad funcional de las distintas áreas cerebrales. La señal obtenida no es igual en todas ellas, hay patrones de normalidad en diferentes situaciones fisiológicas, en los sucesivos estadios madurativos del cerebro o incluso en el envejecimiento, además de los diversos contextos patológicos.

Un electrodo aplicado sobre el cráneo registra la suma de potenciales eléctricos procedentes de millones de neuronas de las zonas próximas. Estas corrientes eléctricas son el vestigio de un flujo intenso de información fisiológica y sensorial.

Con el EEG se registran unas ondas que son producidas por la activación de las neuronas cerebrales. A estas ondas se les da el nombre de una letra griega, según su frecuencia. La frecuencia es la mayor o menor rapidez de las ondas, valora el número de ondas en un segundo, y se mide en hertzios (Hz); por ejemplo, en una actividad de 8 Hz hay 8 ondas en un segundo. Las frecuencias del EEG se dividen en 4 grupos:

- delta, son las más lentas, con un ritmo de 1-3 ondas cada segundo;
- theta, de 4 a 7 ondas por segundo;
- alfa, de 8 a 12 ondas por segundo;
- beta, por encima de 12 ondas por segundo.

Así, se habla de frecuencias lentas (delta y theta), frecuencia alfa y frecuencias rápidas (beta).

Además de la mayor o menor rapidez –frecuencia–, interesa valorar el tamaño (amplitud) de las ondas; oscila entre pocos microvoltios (μV) hasta 500 μV o 1 milivoltio (mV).

La actividad EEG es diferente cuando se está despierto o dormido.

Durante el sueño en el trazado EEG predominan frecuencias lentas de mayor amplitud, y aparecen ondas típicas que no se ven en la vigilia.

Cuando estamos despiertos, la actividad EEG normal se explora estando relajados y con los ojos cerrados, y se registra un ritmo en frecuencia alfa (de

8 a 12 ondas por segundo) en las áreas posteriores del cerebro (región occipital), que desaparece al abrir los ojos o al concentrarse en una tarea. En el resto de áreas cerebrales se ven ondas de baja amplitud de varias frecuencias (lentas, alfa y rápidas).

Actualmente se realiza el EEG digital, mediante ordenadores que procesan la información y permiten analizarla de distintas maneras, incluso con procesamientos matemáticos.

Alta tecnología en el estudio del cerebro

Técnicas de neuroimagen

El desarrollo en la década de 1970 de la Tomografía Computarizada (TC) del cerebro y del sistema nervioso central supuso un gran avance para las neurociencias. Por primera vez se pudo observar el cerebro humano en vivo, mediante una reconstrucción de imágenes obtenidas con rayos X. A finales de la década de 1980 empezó a utilizarse una técnica más avanzada, la Resonancia Magnética Nuclear Estructural (RM), que tiene la ventaja de una mayor resolución y de no utilizar radiación para la obtención de imágenes. Más recientemente se han desarrollado los estudios mediante la Tomografía por Emisión de Positrones (PET) y la Resonancia Magnética Nuclear Funcional (RMf). Estas técnicas no son invasivas y permiten evaluar los procesos de áreas y estructuras del cerebro en funcionamiento.

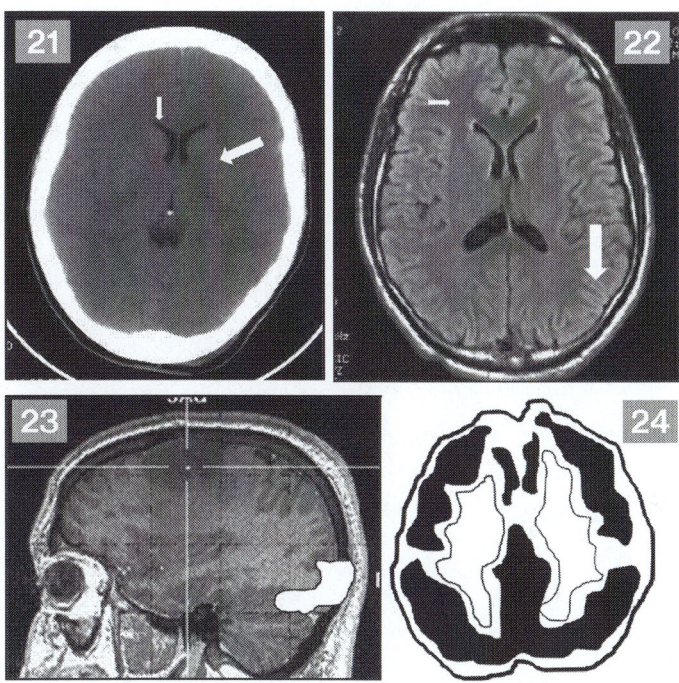

7. **Alta tecnología en el estudio del cerebro.** En la primera imagen (arriba-izquierda) se observa una tomografía computarizada cerebral. La flecha blanca pequeña señala el sistema ventricular que aparece en un color negro. La flecha blanca grande señala los núcleos de la base. La segunda (arriba-derecha) es una resonancia magnética. El sistema ventricular aparece de color oscuro y se distingue la sustancia blanca (flecha blanca pequeña) de la sustancia gris de la corteza cerebral (flecha blanca grande). La tercera, (abajo-izquierda) se trata de una imagen de resonancia magnética cerebral funcional. La zona blanca corresponde al área cerebral activada de la corteza occipital. En la última se observa un dibujo que representa una imagen de una tomografía por emisión de positrones cerebral. Las áreas negras corresponderían a la actividad de la corteza cerebral

Se pueden clasificar las técnicas de neuroimagen en estructurales y funcionales. Las técnicas de imagen estructural son principalmente la TC y la RM.

Las técnicas de imagen funcional son la PET y la RMf. La diferencia entre las técnicas estructurales y las funcionales está en la información que nos aporta cada una de ellas. Con las estructurales se puede concretar la localización de una lesión o los efectos de una enfermedad. Con las funcionales se puede llegar a saber qué áreas o regiones encefálicas se activan al realizar una determinada tarea cognitiva, e incluso averiguar si una patología neurológica o psiquiátrica tiene como efecto patrones distintos de activación cerebral en comparación con las personas sanas.

Tomografía Computarizada

La tomografía computarizada, igualmente denominada escáner, es un método imagenológico (se utilizan imágenes) de diagnóstico médico, que permite observar el interior del cuerpo humano, a través de cortes milimétricos transversales, mediante la utilización de los rayos X. Para conseguir esto la máquina rota alrededor del cuerpo del paciente, registrando la información desde distintos ángulos. Posteriormente, mediante un ordenador que utiliza sofisticados métodos matemáticos, se combina toda esta información hasta elaborar un conjunto de imágenes. (Vid. Figura 21).

Las indicaciones de la TC cada vez son más amplias en la asistencia médica. Se considera esencial en el diagnóstico de accidente vascular cerebral, tumores cerebrales, infecciones, demencias, en la evaluación de cambios mentales más o menos súbitos, en pacientes con cáncer metastático, en los traumatismos craneoencefálicos.

Resonancia magnética

La resonancia magnética es una de las técnicas de diagnóstico por imagen más inocuas y modernas. Su funcionamiento se basa en ondas de radio que interaccionan con los átomos del cuerpo mientras están sometidos a un potente imán que rodea al paciente. El campo magnético del imán fuerza a los átomos de hidrógeno de los tejidos a alinearse en una dirección. Entonces las ondas de radio que se envían hacia los átomos de hidrógeno resuenan. La máquina registra estas señales, que se almacenan para ser procesadas por un ordenador. Los distintos tipos de tejidos del cuerpo devuelven señales específicas y por consiguiente la RM permite obtener imágenes de gran precisión de distintas partes del cuerpo. Las imágenes obtenidas mediante RM son parecidas a las obtenidas por la TC pero con mayor capacidad de discriminar o diferenciar con más claridad la sustancia gris y la sustancia blanca. (Vid. Figura 22).

La RM es una herramienta de diagnóstico muy importante para la neurología y la psiquiatría. Por ejemplo, con la RM el médico puede observar los efectos de un accidente cerebral vascular (trombosis o embolia), en las enfermedades desmielinizantes como la esclerosis múltiple, evaluar los tumores cerebrales, etc. Es de destacar que la RM no utiliza rayos X ni elementos radiactivos, por lo que no tiene efectos nocivos para el cuerpo. La RM es considerada técnica electiva en la exploración de regiones tales como los lóbulos temporales, el cerebelo, las estructuras subcorticales, el tronco cerebral y la médula espinal porque ofrece mejor visualización de estas estructuras (Tabla 2).

TC	RM
Utiliza Rayos X	No utiliza radiación, se basa en campos magnéticos y ondas de radio
Es más rápida de realizar	Es más lenta de realizar
Los equipos para realizarla son más económicos	Los equipos para realizarla son caros
El paciente puede llevar marcapasos u objetos metálicos	El paciente no puede llevar objetos metálicos ni marcapasos
Tiene menor resolución espacial	Tiene mayor resolución espacial
Tiene buena sensibilidad para detectar calcificaciones, tumores meníngeos y hemorragias agudas, parenquimatosas o subaracnoideas	Tiene mejor sensibilidad para distinguir entre sustancia gris y blanca. Técnica mejor para el estudio del cerebelo, los lóbulos temporales, la médula espinal y el tronco cerebral

2. Diferencias entre la TC y la RM para la obtención de neuroimágenes

Resonancia Magnética Funcional

La resonancia magnética funcional es capaz de reflejar cambios en la imagen cerebral basados en la actividad neuronal. Podemos ver qué áreas se activan cuando el sujeto realiza una tarea mental y por lo tanto correlacionar áreas cerebrales y conducta.

Para obtener las imágenes se utiliza una técnica llamada BOLD (*Blood Oxigen Level-Dependent*), cuya traducción es "dependiente del nivel de oxígeno sanguíneo". Esta técnica mide el consumo de oxígeno en un área. Asumiendo que un mayor consumo de oxígeno supone una mayor actividad neuronal, podemos saber qué área está más activa durante una tarea. (Vid. Figura 23).

A través de esta modalidad, los neurorradiólogos conocen la localización y anatomía de las áreas del cerebro encargadas de distintas funciones (memoria, lenguaje, audición, entre otras), además de las lesiones que este puede sufrir (tumores, infartos). Esta técnica es útil para determinar el área del cerebro que desempeña las funciones más importantes como el habla o el movimiento.

La RMf puede identificar la localización de las diferentes áreas funcionales normales del cerebro, permitiendo de esta forma a los neurocirujanos evitar dañar estas zonas durante la cirugía.

Tomografía por Emisión de Positrones

La tomografía por emisión de positrones es una técnica de medicina nuclear con características claramente diferenciadas respecto a otros métodos de diagnóstico por la imagen. Utiliza moléculas marcadas con isótopos radioactivos, administradas a pacientes en vivo para su posterior detección externa, representando en imágenes la distribución corporal de dichas moléculas.

Los isótopos utilizados en PET son emisores de positrones. El positrón es una partícula subatómica que tiene la misma masa que el electrón, pero a diferencia de este su carga es positiva.

Los positrones, tras un breve recorrido en la materia, se aniquilan al combinarse con un electrón negativo de la misma. La pequeña masa de ambos se convierte en energía electromagnética en forma de un par de fotones emitidos en la misma dirección y sentido contrario.

Los isótopos más utilizados son el 15-Oxígeno, el 13-Nitrógeno, el 11-Carbono y el 18-Flúor. Con estos isótopos se pueden marcar una multitud de sustancias. La molécula más comúnmente utilizada es la flúor-2-deoxi-D-glucosa (FDG) marcada con 18-F.

Los pacientes, tras un período de espera variable que puede oscilar entre 20 y 120 minutos, son colocados en una camilla situada en la línea que pasa por el centro de los anillos o detectores que se localizan en el mismo aparato PET. Posteriormente un ordenador reconstruye imágenes tomográficas a partir de los datos recogidos.

En la actualidad se dispone de numerosas técnicas de PET para el estudio del cerebro. Entre ellas destacan el estudio del metabolismo cerebral, la determinación del flujo y volumen sanguíneo regional, el estudio del consumo del oxígeno, la determinación de la densidad y afinidad de receptores de neurotransmisores y fármacos y la medida de pH regional.

En el tejido cerebral, el tiempo de espera necesario para una adecuada captación de FDG es de aproximadamente 40 minutos, siendo su distribución en el cerebro directamente proporcional al metabolismo.

La actividad neuronal se acompaña de un incremento del metabolismo, y este a su vez, de un incremento del flujo sanguíneo para aportar oxígeno. Así pues, actividad neuronal, metabolismo y flujo son tres procesos habitualmente acoplados. Con PET se puede estudiar tanto el metabolismo como el flujo, siendo la técnica de neuroimagen funcional que permite detectar las enfermedades más precozmente y con mayor grado de especificidad. Es una prueba no invasiva, útil en el diagnóstico y valoración del tratamiento de enfermedades que afectan al cerebro. (Vid. Figura 24).

Las indicaciones claramente establecidas en el momento actual son tres: tumores cerebrales, epilepsias refractarias al tratamiento y estudio de las demencias. Así mismo, la PET resulta de utilidad, entre otras patologías, en el estudio de la enfermedad cerebro-vascular, trastornos del desarrollo, valoración del daño cerebral y en la patología neuropsiquiátrica.

La conciencia

La conciencia es el estado de conocimiento de uno mismo y del entorno por el cual el individuo realiza sus funciones perceptivas, intelectuales, afectivas y motoras. La conciencia se manifiesta mediante la actividad cerebral y se considera como un complejo de unidades de información que tiene su base material en el cerebro.

En el sistema nervioso central existen neuronas implicadas y mecanismos neurobiológicos que se relacionan con la conciencia. Es conocido el llamado sistema activador reticular, que controla la actividad del sistema nervioso central, en el que está incluido la vigilia y el sueño. En este sistema se incluyen estructuras como el tronco cerebral, en donde se localiza la formación reticular, que es un conjunto de núcleos nerviosos formados por neuronas que tienen formas y dimensiones diversas; el tálamo y la corteza cerebral. Como se ha mencionado, el tálamo es una estructura cerebral que recibe e integra la información que posteriormente llega a la corteza cerebral mediante los circuitos tálamo-corticales. (Vid. Figura 25).

La conciencia representa la actividad de toda la corteza cerebral, es decir, no debe comprenderse centrándose en una región cerebral sin considerar la relación de esta región con las demás, por lo tanto la conciencia se relaciona funcionalmente con las áreas cerebrales corticales de asociación.

Por consiguiente, la actividad de la conciencia está sustentada por redes neuronales complejas y ampliamente distribuidas en la corteza cerebral. La actividad cognitiva descansa en la dinámica de vastas áreas distribuidas e interconectadas esencialmente por conexiones cortico-corticales. Estas áreas constituyen nodos de actividad que se sincronizan funcionalmente con otros distantes a través de determinadas bandas de frecuencia. Justamente, esta sincronización funcional de áreas lejanas permitiría integrar el contenido de la conciencia en una corriente unificada de construcciones mentales. En este sentido, hay dos teorías a considerar: la teoría del núcleo dinámico y la teoría del espacio de trabajo global. La primera sugiere que la experiencia subjetiva responde a la actividad recurrente (impulsos nerviosos que vuelven a ocurrir después de un intervalo) en fibras nerviosas que van desde el tálamo a la corteza cerebral y viceversa. La segunda plantea que la conciencia se produce cuando los impulsos nerviosos llegan a una vasta red de sistemas neuronales (fibras nerviosas y áreas de la corteza cerebral) que abarcan los lóbulos parietales, temporales, frontales y el cíngulo. Sin embargo, un punto de vista reciente propone conciliar ambas perspectivas.

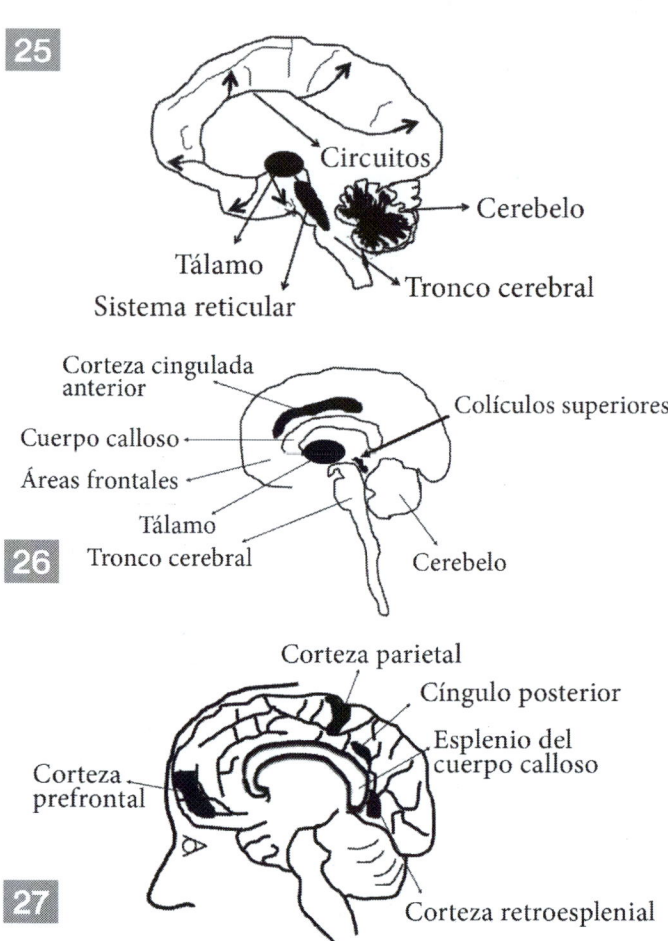

8. La conciencia. La primera figura es un esquema del sistema reticular y los circuitos tálamo-corticales. La segunda muestra la corteza cingulada anterior, la cual participa en el sexto sentido. Además, observamos que la flecha gruesa señala los colículos superiores. La tercera, es un esquema de la denominada red neural por defecto

Evidencias recientes revelan que la experiencia subjetiva de sí mismo se asocia a la actividad de áreas frontales, córtex cingulado e insular, tálamo y colículos superiores. (Vid. Figuras 13 y 26). Un aspecto muy interesante respecto de la conciencia es la llamada red neural por defecto. Esta red incluye regiones como el cíngulo posterior, la corteza retroesplenial, corteza parietal y corteza prefrontal. (Vid. Figura 27). Se ha sugerido que estas áreas podrían estar vinculadas con pensamientos generados independientemente de los estímulos y con el sentido de sí mismo. De manera interesante, la red por defecto se desactiva ante tareas que demandan recursos atencionales. Es así como estas tareas reactivan la parte posterior y lateral de la corteza prefrontal, los lóbulos parietales inferiores, la región temporal media y la ínsula. Esto provoca que la red por defecto y aquella relacionada con una tarea se encuentren correlacionadas negativamente. En concordancia con lo expuesto, pacientes que han sufrido lesiones en las regiones mencionadas refieren el sentimiento de una mente vacía.

Una de las dificultades con la que nos encontramos en el estudio de la conciencia es su carácter subjetivo intrínseco. Una persona sabe que está consciente, y por otra parte los demás comprueban que es así, porque el individuo tiene la capacidad de responder de forma apropiada a los estímulos ambientales. El ser humano cuando está consciente y mentalmente es normal puede intercambiar con otros individuos diferentes elementos de tipo social, lingüístico, ideológico, sentimental, etc., sin embargo la pérdida de la conciencia puede impedir en mayor o en menor medida este intercambio.

En condiciones normales el ser humano para poder ejercer su libertad, su actividad volitiva, intelectual, emocional y en definitiva mental, así como darse cuenta de la percepción a través de los sentidos y órganos sensoriales tiene que estar consciente, es decir, el yo se manifiesta en este estado.

John Searle dice que:

> La conciencia se refiere a un estado de "darse cuenta" que comienza cuando despertamos del dormir y continúa durante el día hasta que volvemos a dormir, morimos o en otras palabras cuando nos volvemos inconscientes.

Los sueños son también una forma de conciencia, aunque en muchos aspectos es muy distinta de los estados normales de alerta. Básicamente, el mecanismo de producción del sueño resulta de una disminución en la excitabilidad del sistema reticular por centros hipnógenos que se localizan en el hipotálamo, tronco del encéfalo y cerebelo, así como a cambios en el estado bioquímico de las neuronas de este sistema, ya que existen moléculas que tienen relación con el sueño como la serotonina y la noradrenalina. Este ciclo sueño-vigilia es un fenómeno que ocurre fisiológicamente y es necesario para el funcionamiento normal del sistema nervioso.

La conciencia es un fenómeno que siempre está en presente, no cambia, por eso percibe el tiempo, es decir, el cambio que afecta a los procesos del mundo físico, aunque esta actividad requiere no solo del presente consciente sino también de la relación del pasado con el futuro, algo típico de la conciencia en conjunción con la memoria y otras funciones cognitivas. En la percepción del tiempo tenemos por un lado que no sabríamos nada del tiempo si no formáramos parte del mundo cambiante; por otro lado, si solo fuéramos cambiantes, no sabríamos reconocer los hechos pasados como pasados. Si no pudiéramos evidenciar el transcurso de lo externo y de nuestra corporeidad a una realidad que no pasa ni transcurre, o sea, que no esté afectada por el cambio físico, no seríamos conscientes del tiempo. La percepción del tiempo es intemporal y no física.

La activación a nivel del sistema reticular en el tronco del encéfalo genera impulsos nerviosos que se transmiten a la corteza cerebral a través del tálamo y nos permitirá la experiencia consciente. Esta activación puede estar motivada por estímulos sensitivos y sensoriales que originan impulsos en la propia corteza cerebral, así como estímulos que pueden originarse en el cíngulo, el hipocampo, el hipotálamo y los ganglios basales. ¿Cómo es posible que los cambios iónicos que se producen en las membranas de las células nerviosas y los fenómenos bioquímicos de los impulsos nerviosos originen la conciencia con todo lo que representa?

No hay una explicación neurocientífica definitiva de cómo se produce la conciencia a pesar de que existen partes anatómicas en el encéfalo que intervienen en la elaboración de la misma. Comenta Zagmutt que:

> Llegar a formular una teoría explicativa de la conciencia equivaldría a develar el mayor misterio de las ciencias humanas y biológicas. Lamentablemente, aún no estamos en condiciones de llegar a tal formulación teórica.

Uno de los primeros que situó la conciencia en un problema a resolver fue John Eccles.

Según Eccles, el cerebro no puede dar cuenta de la conciencia y de las actividades que derivan de ella, por lo que hay que admitir la existencia autónoma de una mente ⬚autoconsciente" distinta de él mismo, que no es ni material ni orgánica y que ejerce una función superior de interpretación y control de los procesos neuronales. Para Eccles, mientras que el cerebro está contenido en el mundo de la realidad física, la autoconciencia pertenecería al mundo de los fenómenos mentales, que es irreductible a aquel, aunque entre ambos existan interacciones. Así, por ejemplo, las informaciones sensoriales que el cerebro procesa e integra se transforman en experiencias subjetivas. En sentido contrario, la mente autoconsciente es capaz de desencadenar y controlar determinados procesos neuronales, que le permiten realizar un cálculo, hablar o realizar cualquier conducta libre. Este autor propone algunas hipótesis sobre cómo y dónde se lleva a cabo esa interacción. En cualquier caso, para este neurocientífico, la unidad de la mente no se puede encontrar en el cerebro, entendido como un órgano físico, sino que se da en el nivel de lo mental, que es distinto y hasta cierto punto independiente de él. Este premio Nobel conocía bien los avances de las ciencias cognitivas para explicar las operaciones de la mente.

Gerald Edelman distingue dos tipos de conciencia: la conciencia primaria y la conciencia de orden superior. La conciencia primaria estaría formada por ciertas experiencias fenoménicas como las imágenes mentales que estarían ligadas al presente inmediato. Aquí no existe la posibilidad de reconocer un pasado o un futuro. Edelman conceptualiza la conciencia primaria como la conjunción de las distintas percepciones en un momento dado, que el sujeto vive o experimenta como una escena. Esto no significa que exista "un lugar" en el cerebro donde se reúnan las percepciones y se forme la escena, sino que más bien la escena es un producto emergente del funcionamiento del cerebro no reducible a ninguno de sus componentes. En este sentido puede afirmarse que la conciencia no es algo que se tiene sino que se construye momento a momento. La conciencia de orden superior involucra el reconocimiento del sujeto de su propia actividad, así como la posibilidad de visualizar un pasado, un presente y un futuro. Desde el punto de vista funcional y estructural, la conciencia primaria es necesaria para la conciencia de orden superior. Los componentes neurobiológicos de la conciencia primaria están presentes y su funcionamiento forma parte de los elementos nerviosos que operan en la conciencia superior. En ese sentido, los seres humanos con conciencia superior no experimentan la conciencia primaria por sí sola, ni tampoco lo opuesto.

Para David Chalmers en el estudio de la conciencia podemos distinguir dos problemas claramente diferenciados. Por una parte, nos enfrentamos a lo que él denomina el problema "fácil" de la conciencia, que se refiere a la distinción en el campo de las funciones biológicas y de los procesos mentales entre aquellos que son inconscientes y los que podemos calificar como conscientes. Gran parte de la experiencia sensorial y nuestras conductas planificadas son conscientes.

Otras dimensiones de nuestra actividad, como el control del corazón o de los procesos digestivos, la organización de la musculatura de la extremidad superior para lograr escribir o atrapar algo, y otras muchas de las actividades orgánicas de nuestro medio interno son inconscientes. Por eso cabe hablar del problema "difícil" de la conciencia, que consiste, según este autor, en explicar cómo se produce en nosotros la experiencia de nuestra propia identidad, la sensación de "darnos cuenta" y de que somos, de alguna manera, "dueños" de nosotros mismos y de nuestra actividad; en otras palabras, la autoconciencia en general.

De entrada, se puede afirmar con rigor que, en su estado actual, nuestros conocimientos sobre la biología de los procesos cerebrales se revelan a todas luces insuficientes para dar una respuesta satisfactoria a este último problema. Aun cuando en muchos foros neurocientíficos se insiste en que los dos "problemas" se tienen que explicar en virtud de complejos mecanismos neurobiológicos de nuestro sistema nervioso, parece claro que una aproximación adecuada escapa a los paradigmas de exploración de que disponemos en la actualidad.

Chalmers viene a coincidir con Eccles al afirmar también la irreductibilidad de la conciencia a actividades neuronales. Chalmers comenta:

> Contra el reduccionismo defenderé que las herramientas de la neurología no pueden proporcionar una explicación completa de la experiencia consciente, aunque tengan mucho que ofrecer. Sin embargo, explicar la conciencia subjetiva constituye el "problema duro", pues aunque lleguemos a localizar y describir los grupos de neuronas que reciben o componen las sensaciones, siempre nos seguirá resultando difícil explicar por qué y cómo esa activación llega a producir la experiencia subjetiva que tenemos de los colores, sonidos, gustos, etc., así como de nuestro mundo interior, sentimientos, etc.

Para Chalmers la ciencia de la conciencia deberá aspirar a encontrar un paralelismo entre dos series de datos: por un lado, la de los fenómenos que observan y describen los neurólogos desde el exterior, y, por otro lado, la de nuestras experiencias, que son solo objeto de descripciones en primera persona. Este paralelismo queda descrito en su tercer principio para una teoría informacional de la conciencia, el principio del doble aspecto:"Hay un isomorfismo directo entre ciertos espacios informativos físicamente encarnados y ciertos espacios informativos fenoménicos. Podemos encontrar la misma información abstracta grabada en el procesamiento físico y en la experiencia consciente". Chalmers también asigna a la ciencia de la conciencia la tarea de dar cuenta de cómo ciertas microestructuras y microdinámicas neuronales pueden producir efectos macroestructurales y macrodinámicas neuronales. Pero a diferencia de las teorías emergentistas, mantiene la distinción irreductible entre estas macrodinámicas colectivas y la experiencia subjetiva, por lo tanto no se puede hablar de producción de la conciencia como definen los emergentistas.

Colin McGinn coincide al afirmar que:

Aunque la conciencia es fruto exclusivo de nuestro cerebro, la organización morfofuncional de nuestro sistema nervioso hace imposible que podamos con él resolver este denominado misterio de nuestra vida.

Antonio Damasio, desde una teoría naturalista y biológica, critica esta separabilidad entre cerebro y conciencia. Damasio sostiene que la explicación de la conciencia debe buscarse en los trabajos de la biología evolutiva y de la psicología. Los mapas genéticos de nuestro sistema nervioso son la base sobre la que se crean posteriormente los mapas sensoriales y motores, que favorecen de manera definitiva la interacción de los organismos con el medio ambiente; este medio ambiente es, a su vez, un gran refuerzo para la continua modificación y progreso de dichos mapas nerviosos. En el caso de la especie humana, hay que contar con el poderoso complemento de un lenguaje muy bien estructurado que, todo en conjunto, permite la emergencia del yo —la autoconciencia—, que se hace consciente en nuestro ser y en el de los demás. Esta arquitectura de conocimiento que nos proporciona nuestro cerebro es la solución al llamado problema de la conciencia. En realidad, para Damasio, nuestra existencia es una larga marcha desde los genes hacia la cultura a través de nuestro sistema nervioso, que está diseñado y preparado para ello. No obstante, Damasio dice que:

Todavía no hemos resuelto numerosos detalles que conciernen a la función molecular de neuronas y circuitos; ni hemos logrado entender el comportamiento de las poblaciones de neuronas en el marco de una región particular del cerebro; y aún tenemos una pobre comprensión de los sistemas de gran escala, es decir, los que incluyen múltiples regiones del cerebro. Creo que la mente es de naturaleza biológica y que llegará un momento en que podamos describirla mediante expresiones biológicas y mentales.

John Searle es un ilustre representante de este "naturalismo biológico" y defiende el carácter biológico de la mente y la conciencia. Según este autor la mente y la conciencia solo pueden entenderse y simularse si incluimos los fenómenos que están subyacentes, esto es, su base biológica.

Susan Greenfield define la conciencia como una realidad continuamente variable, que existe en diversos grados y en cuya estructuración son muy importantes las redes neuronales, que se extienden sobre amplias zonas de nuestro cerebro, y los marcadores bioquímicos, que actuarían como neuromoduladores para que estas asociaciones de células puedan actuar de forma unitaria en muy poco tiempo. Estos neuromoduladores estarían en la base de nuestro estado de ánimo, sentimientos y emociones. Y las emociones son para esta neurocientífica la forma más básica de conciencia.

Crick ha señalado que todas nuestras alegrías y sufrimientos, nuestras ambiciones y memorias, el sentido de nuestra identidad y de nuestro libre albedrío no son más que el funcionamiento de amplias redes neuronales y de las moléculas asociadas a estas conexiones neurales.

Para Michael Gazzaniga la conciencia es una propiedad emergente de nuestro sistema nervioso y no una entidad por sí misma; de alguna manera es la respuesta al concierto de muchas redes neuronales que se forman en centros corticales y subcorticales, y que hacen posible esta experiencia que como viene se va al cesar la actividad neural.

Roger Penrose es uno de los pensadores más originales y creativos de la actualidad. Es uno de los físicos más importantes que ha trabajado en Relatividad General desde Einstein. Para Penrose tiene que haber algo de naturaleza no computable en las leyes físicas que están por venir. Este argumento tiene como base el ya famoso teorema de Gödel que implica que la indemostrabilidad formal de una cierta proposición matemática es señal de que de hecho es verdadera. De ahí concluye Penrose que nuestro pensamiento, al menos nuestro pensamiento matemático, tiene componentes no computables, es decir, que no se pueden calcular. Si se admite que existen procesos físicos no computables, hay que ver cómo el cerebro podría hacer uso de estos. En primer lugar, Penrose cree que existe una relación directa entre esta no computabilidad y el puente entre el nivel cuántico y el nivel clásico, que a su vez se relaciona con el proceso de medida cuántica. Por lo tanto, habría que buscar un lugar en el cerebro que pueda aprovechar los efectos de coherencia cuántica para acoplarlos a la actividad neuronal que se observa a gran escala en el cerebro. Es decir, la conciencia sería un cuanto computacional en el cerebro, un "colapso" infinitesimal de información cuántica dentro de la información clásica que corresponde a las células del sistema nervioso (no es posible explicar con detalle esta definición dado que implicaría un texto excesivamente largo, por tanto lo más conveniente es quedarse con la idea que pone de relieve la frase final de este párrafo: sería como una visión).

Stuart Hameroff ha sugerido que un posible lugar para que se lleve a cabo ese "colapso" a nivel microscópico serían los microtúbulos celulares, que representarían unas proteínas computacionales ubicadas dentro de las dendritas de cada neurona. Sería como una visión sofisticada de una máquina con vida o de un computador biológico perfectamente asociado a nuestro cuerpo.

El físico John Polkinghorne en su libro *Ciencia y teología* (año 2000) comenta:

> La conciencia parece ser un fenómeno tan diferente de otros fenómenos perceptibles en el mundo físico que debe ser algo muy especial. En cuanto a su organización física, puedo discernir con claridad que se trata de ideas tradicionales de la física organizadas en sistemas más complejos. Pero tiene que haber algo más, algo cuya naturaleza sea completamente diferente de las otras cosas que son importantes en la forma que funciona el mundo. Algo que aunque se use ocasionalmente, tenga una organización tan refinada que se aproveche de la organización de estados y la canalice con el objetivo de hacernos funcionar, pero que muy raramente se aproveche en los fenómenos físicos de manera útil.

La conciencia permite vivir los procesos mentales en un instante en que se percibe todo como una experiencia unificada. Hay un ensamblaje en donde se ponen en juego la entrada visual, el área auditiva, los receptores de la sensibilidad táctil y dolorosa, la vía olfatoria, los mecanismos de comprobación del espacio en donde se mueve el sujeto, la memoria, el entendimiento, los actos voluntarios, la atención y las emociones. Y todo ello tiene representaciones en diferentes zonas de la corteza cerebral. ¿Cómo es posible que todos los fenómenos mentales se unan en un instante?

El Dr. Róger Sperry ganó el premio Nobel en 1981 por sus estudios sobre las funciones especializadas del cerebro humano. A pacientes que sufrían convulsiones epilépticas incontrolables les practicó una callosotomía, es decir, la cirugía de separación de los dos hemisferios cerebrales cortando las fibras nerviosas del cuerpo calloso que los conectaban. Después de la cirugía, un hemisferio parecía participar en diferentes experiencias del otro hemisferio. La habilidad de hablar, caminar o comer no estaban alteradas, pero sí funciones cerebrales superiores. Se observaba afectación de la coordinación y dinámica interhemisférica: ocurrían contradicciones en las acciones bimanuales; ocultando las manos a la vista, podía ocurrir que una mano no conociera lo que hacía la otra.

Existe la evidencia de que, después de la separación quirúrgica de los hemisferios cerebrales, el aprendizaje y la memoria no se afectan y cada hemisferio permite sentir y percibir de forma independiente. Estudios posteriores han demostrado que el hemisferio derecho está involucrado con la expresión no verbal, la intuición, lo espontáneo, recitar poemas, melodías de canciones, discriminación de colores, hacer juego de objetos con imágenes, emparejar palabras con un significado, dibujar y manipular objetos, la expresión a través de la cara, la voz, gestos corporales, respuesta a instrucciones demostradas, visualización, recordar caras-formas-melodías-imágenes complejas, historias-eventos emocionales, soñar despierto, imaginar, crear y descubrir. Por otra parte, el hemisferio izquierdo se relaciona con la expresión verbal, la utilización de palabras para nombrar-describir-definir, la asociación de colores con objetos, pensar con palabras, la utilización de símbolos para nombrar las cosas, deletrear palabras, organizar, expresión a través del lenguaje, respuesta a instrucciones verbales, cálculo y análisis matemático, recordar nombres, hechos, días y secuencias motoras complejas.

Resumiendo, se puede decir que en el hemisferio derecho se desarrollan aquellas funciones que requieren una visión intelectual sintética de muchas cosas a la vez, y en el izquierdo se desarrollan las funciones que precisan un pensamiento analítico y elementalista. La conexión de ambos hemisferios permite una función globalizadora, sistemática y continua, que discurre prácticamente en simultaneidad.

El neurofisiólogo Rodolfo Llinás afirma que el tálamo, que está conectado a diferentes regiones de la corteza cerebral, sostiene un "diálogo" continuo entre sus neuronas y las neuronas de la corteza cerebral, de tal manera que se produce una oscilación que se expande y se transmite mediante un "barrido" desde la corteza frontal hasta la corteza occipital cada 12,5 milésimas de segundo. Esta dinámica está basada en los potenciales de acción y en el paso del estado polarizado al despolarizado de millones de neuronas que se ponen en acción en este tiempo. Esto quiere decir que las experiencias de la realidad se integran en ese brevísimo lapso de tiempo en la corteza frontal, en la corteza parietal, en la corteza occipital, etc. Llinás postula que este barrido es el que nos permite tener unificadas todas estas experiencias polisensoriales y el que nos da la sensación de continuidad y de unidad del mundo externo. Hay medidas hechas con el llamado magnetoencefalógrafo, que puede registrar los campos magnéticos de las células nerviosas, los cuales son muy débiles. Tiene la ventaja de poder hacer registros de mayor profundidad que el electroencefalograma, pues lo que registra son las fluctuaciones de voltaje debidas a las corrientes eléctricas que fluyen a través de las membranas de las neuronas. Este aparato ha mostrado que el intervalo mínimo de tiempo en el cual se pueden percibir dos eventos en el mundo externo, lo que se llama el cuanto psico-físico, dura 12,5 milésimas de segundo.

La mente humana

La mente es una entidad funcional compleja que consiste en la interpretación, almacenamiento y recuperación de estímulos externos e internos a través de los procesos de pensar, recordar, sentir, abstraer, entender y querer. Hace referencia al pensamiento y a la identificación del "yo" personal. La actividad mental permite la utilización del lenguaje y, por consiguiente, la comunicación, retener con la memoria información de diferentes fuentes, tener sensaciones de nuestro propio cuerpo como el dolor u otras sensaciones internas, así como sensaciones externas de otros cuerpos, tener percepciones y desde ellas poder construir conceptos.

Mediante la mente podemos formar juicios acerca de nosotros mismos, de otras personas, cosas o ideas. Podemos desarrollar una información recibida que nos permite obtener nuevos conocimientos. Somos capaces de realizar planes para resolver problemas o hacer propósitos. Y obviamente podemos tener sentimientos, emociones, deseos, imágenes y sueños. Después del nacimiento la cognición y en general los procesos mentales van surgiendo a medida que se produce la maduración del cerebro, sobre la cual influyen notablemente el medio ambiente, el aprendizaje y la estimulación sensorial.

Un aspecto de la mente que vamos a considerar es el fenómeno de la cognición. La palabra cognición proviene del latín *cognoscere*, que quiere decir conocer; por tanto, el concepto de cognición es frecuentemente utilizado para significar el acto de conocer, o el conocimiento.

El conocimiento

Al hablar del conocimiento no me voy a referir al conocimiento como conjunto de datos o noticias que se tiene de una materia o ciencia como podría ser el conocimiento científico, o al que hace referencia al trato o relación que se tiene con una persona. Aquí de lo que se trata es de estudiar el conocimiento en sí mismo, es decir, cómo se conoce y qué quiere decir conocer.

En todo acto de conocimiento encontramos los siguientes elementos:

1. Un sujeto que conoce, que ejecuta el acto de conocer.
2. Un objeto que es conocido en el acto de conocimiento.
3. Una representación del objeto conocido, que es el resultado del acto de conocimiento. (Vid. Figura 28).

El conocimiento es una actividad, en la que se da una relación entre un sujeto y un objeto. El sujeto capta el objeto sin que cambie el objeto. Esta actividad es radicalmente distinta a la que se produce en una reacción físico-química, en la que los elementos pierden su naturaleza propia y adquieren una naturaleza, propiedades y acciones nuevas.

En el conocimiento, el sujeto capta el objeto como tal, como diferente de él, asimilándolo y poseyéndolo sin modificar el objeto en nada.

Quien conoce es la inteligencia. En el conocimiento se posee intencionalmente el objeto conocido, entendiendo por objeto lo que el sujeto tiene frente a sí. Conocer es siempre, necesariamente, entender algo; porque el conocimiento se refiere a lo conocido. En cuanto se posee el objeto, se conoce algo. El conocimiento es puro significado sin significante. Todo signo consta de significado y significante. El significante es el soporte material del significado. Un cartel sería el significante y lo que hay en el cartel el significado. En el conocimiento el objeto es puro significado sin soporte de ningún tipo, es decir, sin significante (sin cartel). Gracias a que conocer es eso, es posible, luego, dar significado a otras cosas, o sea construir signos.

Conocer o entender un objeto se hace de manera instantánea. El acto de conocer no requiere tiempo, siempre es actual, entre el ejercicio del acto de conocer y la obtención del objeto no media ningún intervalo, sino que ambas cosas son simultáneas. Por tanto, el acto de conocer siempre se hace en presente. Conocer no es ejercer un acto que por su actividad hace presente cosas o ideas. No hay acto de conocer más lo conocido, sino que el acto se identifica con lo conocido. Así, las ideas no son cosas que hay en el pensamiento, sino el conocimiento en acto.

Lo poseído es el objeto conocido, pero no la realidad misma sino algún aspecto de lo real. Aquello que es entendido no está en sí mismo en el entendimiento, sino por una representación suya. No está en el intelecto la piedra sino la imagen de la piedra, sin embargo lo entendido es la piedra no la imagen de la piedra.

La inteligencia humana no puede entender nada si no es a partir de la información recibida por los sentidos. La sensibilidad y el intelecto se unen para hacer posible la unidad del conocimiento.

El conocimiento sensorial como instrumento de la inteligencia proporciona la mayor parte del material para la formación de los conceptos intelectuales e incluso para el pensamiento más abstracto, que debe conservar siempre por naturaleza la relación con imágenes sensibles.

El conocimiento sensorial es todo conocimiento en cuya ejecución intervienen directamente órganos corporales como los sentidos externos y el cerebro. Son objeto del conocimiento sensorial, principalmente, las cualidades sensoriales, como los colores, sonidos, tamaño, forma, movimiento, etc. Dentro del conocimiento sensorial es necesario distinguir: el conocimiento sensorial externo y el conocimiento sensorial interno. El externo es producido por un estímulo que afecte a los órganos exteriores (ojos, oídos...), el interno es suscitado por causas psíquicas sin influjo actual sobre sentidos externos. En el conocimiento sensorial externo la estimulación es conducida a través de los nervios a los centros cerebrales, en donde se produce una imagen sensorial, y de ahí la consumación del conocimiento mismo (a las sensaciones de luz, sonido, presión, etc.).

Los sentidos internos no producen solo meras representaciones, sino que también tienen su insustituible importancia para la formación de las imágenes de la percepción. Los sentidos internos se dividen en cuatro: sentido común, imaginación-fantasía, cogitativa y memoria.

El sentido común

No hay que confundir esta expresión (sentido común) con la de "buen sentido" o capacidad de distinguir lo verdadero de lo falso. Este sentido realiza fundamentalmente dos acciones clave: por un lado, relaciona y compara distintas sensaciones y, por otro lado, otorga una especie de conciencia sensible (nos hace saber qué sentimos). Ante todo, capta los objetos de cada uno de los sentidos externos, los discierne y aúna en una formalidad superior; conoce y discierne las distintas sensaciones o actos de ver, oír, oler, gustar, palpar, con que el hombre se relaciona con las cosas múltiplemente sensibles.

Por ejemplo, ante un terrón de azúcar, distinguimos el blanco con el sentido de la vista y lo dulce con el sentido del gusto y lo referimos al mismo objeto. No obstante, para integrar estas propiedades, hay que percibirlas a la vez. Pero esto ningún sentido particular puede hacerlo: la vista distingue el blanco y el rojo, porque son dos colores, pero no lo blanco y lo dulce, porque ella no experimenta lo dulce o cualquier tipo de sabor; igualmente, el gusto distingue lo dulce y lo salado, pero no lo dulce y lo blanco, porque no percibe los colores. Por consiguiente, hay que admitir en el hombre una función única que experimenta las diversas sensaciones y las compara. A esta función la llamamos sentido común.

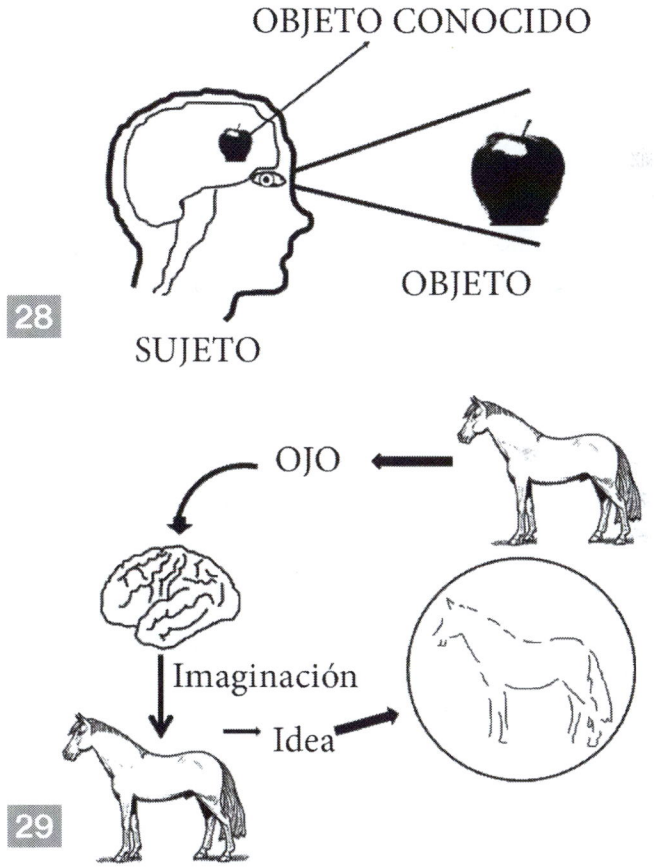

9. El conocimiento. La primera figura es un dibujo del conocimiento. La segunda es un esquema de la elaboración de una idea o concepto.

La imaginación

La imaginación es un sentido interno que consiste en la representación mental de sensaciones externas recibidas a través de la percepción, incluso en ausencia de estas. Tiene como función el representar el mundo real o crear mundos fantásticos. Es una función de conocimiento porque se representan objetos, y es sensible porque su objeto es concreto. Se distingue de la sensación en que su objeto es irreal; no es una presentación sino la representación de un objeto en ausencia de este.

En la imaginación pueden darse una serie de operaciones que van desde las simples imágenes (objetos, números, figuras...) hasta operaciones superiores como la fantasía, mediante la cual se transforman, combinan y crean nuevas imágenes. Con la imaginación podemos reproducir secuencias o procesos temporales como subir unas escaleras corriendo, escribir u otras actividades más complejas. Una función de la imaginación es conservar las impresiones de la sensibilidad periférica, a fin de poder servirse luego de ellas. La imaginación actúa en ausencia del estímulo sensorial, pero a la vez que los sentidos externos. Cualquier imagen puede reaparecer sin ser conscientemente llamada obedeciendo a estímulos psicobiológicos, sin control de la razón, pero también puede el hombre evocar libremente estos contenidos e imaginárselos de nuevo.

La imaginación se puede dividir en dos tipos en función del tipo de imágenes que utiliza. La imaginación reproductora, la cual utiliza imágenes percibidas a través de los sentidos. Utiliza, por lo tanto, la memoria. Dependiendo del estímulo se puede hablar, a su vez, de imaginación visual, auditiva o motora. La imaginación creadora utiliza imágenes no percibidas, siendo estas reales o irreales. Esa es la función más notoria, y por ella recibe el nombre de fantasía. Se realiza modificando las imágenes. Nace y se nutre de la sensación externa; por eso el ciego de nacimiento jamás podrá imaginarse los colores.

El cerebro puede ver, escuchar y sentir aun cuando no hay estímulos (como en los sueños) o también cuando imagina. En general, se reconoce que la imaginación es una actividad mental que difiere de la representación y de la memoria pero que se relaciona con ambas de alguna forma. Se relaciona con la representación, porque la imaginación es el resultado de la combinación de elementos que fueron en algún momento representaciones sensibles; y se relaciona con la memoria porque si no se pudieran recordar esas representaciones, o las combinaciones que se hicieron entre ellas, no se podría imaginar nada. Con la imaginación se puede deformar la realidad e incluso idealizarla.

La cogitativa

La cogitativa es un sentido interno cuya función es de conocimiento: su objeto es la utilidad o la nocividad de las cosas percibidas. Pero la "utilidad" no es una cualidad sensible, sino una relación que no puede ser percibida por ningún sentido. La cogitativa no solo percibe un objeto sino otra cosa que no está de forma explícita en ese objeto: el efecto o la acción futura de la cosa percibida (que esa serpiente me puede morder). Además la cogitativa es la facultad que provoca de modo inmediato el movimiento pasional y colabora subsidiariamente en los actos voluntarios. A la cogitativa se atribuye también una actividad simbolizadora que consiste en determinadas imágenes que son cargadas de un contenido afectivo. Precisamente la experiencia, que es actividad propia de la cogitativa, consiste en un proceso inductivo por el que de la reiteración de situaciones semejantes pasa a tener una enseñanza para la persona que la experimenta.

La memoria

La memoria es la facultad de recordar el pasado en cuanto ha pasado. La memoria supone una apreciación del tiempo. Objeto de la memoria son todas las imágenes de los demás sentidos (externos, sentido común e imaginación) bajo el aspecto de pasadas con mayor o menor determinación del tiempo transcurrido; la actividad e imágenes de la cogitativa; las emociones anteriormente experimentadas con sus motivos; la misma actividad de la memoria (me acuerdo que me acordé de); también la actividad intelectual anterior.

El conocimiento inteligible

Es en el conocimiento inteligible donde se produce la abstracción (etimológicamente "abstracción" quiere decir sacar, separar, extraer), que consiste en la separación de la esencia con respecto a la materia de un objeto determinado. La abstracción es el proceso por el que se pasa del conocimiento sensible al inteligible. Por ejemplo, en un caballo hay una estructura molecular que compone todos los tejidos del animal, esto sería la materia. El entendimiento separa la esencia de la materia sensible. Así pues, los sentidos captan el objeto sensible concreto y este es el punto de partida del conocimiento. En la imaginación se graba la imagen propia de este objeto. El entendimiento separa o despoja al objeto concreto de todo aquello que le impida ser inteligible, quitándole todo lo que tiene de particular y concreto. El entendimiento elabora los datos hasta llegar al concepto universal. (Vid. Figura 29). Por consiguiente, los conceptos (ideas) son siempre universales y abstractos. El entendimiento forja un concepto universal a partir de las imágenes, y prescindiendo de sus cualidades sensibles materiales y particulares para atender solo a la esencia universal de las cosas. Para terminar el proceso cognoscitivo, el entendimiento compara la imagen con el concepto formado aceptando que a dicha imagen corresponde dicho concepto.

Así pues, el conocimiento racional procede por abstracción. De ello se deduce que requiere actos de composición y división, afirmaciones y negaciones que expresan mediante juicios lo que el entendimiento va conociendo de la cosa misma. Esto se denomina razonamiento.

Capítulo 2

Introducción a los trastornos neurológicos

Este epígrafe no trata de manera extensa y pormenorizada las enfermedades cerebrales, sino que quiere ser un esbozo resumido de algunos de los procesos patológicos que pueden afectar al cerebro. Empezaremos por algunos signos que pueden dar algunas lesiones cerebrales y posteriormente se hará mención de algunas de las enfermedades más relevantes.

Agnosia

La agnosia es una condición en la cual una persona no puede interpretar correctamente lo que percibe por los sentidos. Las personas que han sufrido accidentes cerebrovasculares (como una embolia cerebral, aspecto que comentaremos más adelante), traumatismos craneoencefálicos (golpe en la cabeza) o tumores cerebrales pueden desarrollar esta condición al alterarse los centros corticales cerebrales, que reciben estos estímulos procedentes del exterior. Los principales tipos de agnosia son la agnosia visual, que se caracteriza por la incapacidad para reconocer estímulos presentados visualmente. La agnosia visual puede ser específica para objetos, caras, colores o figuras mezcladas. La agnosia táctil es la incapacidad para reconocer objetos por el tacto. Se denomina agnosia auditiva a la incapacidad para el reconocimiento de estímulos que se reciben por la vía auditiva. La agnosia auditiva puede ser específica para ruidos (agnosia auditiva para los sonidos), para palabras (agnosia verbal) y para la música (amusia).

Apraxia

Respecto de la apraxia se sustenta un argumento similar. La apraxia se caracteriza por la dificultad o la imposibilidad para desarrollar acciones voluntarias. Esto quiere decir que la persona tiene la fortaleza, las habilidades físicas y el deseo de concretar los movimientos, pero no logra hacerlos. Implica una separación entre la voluntad de la persona (que es consciente de aquello que quiere realizar) y la ejecución de dicho acto volitivo en movimiento. En el caso más típico, el paciente toma un objeto que conocía previamente, su peine, por ejemplo, y al pedírsele que se peine se aturde y no sabe qué hacer con el utensilio que tiene en sus manos.

Afasia

Una afasia es un trastorno del lenguaje producido a consecuencia de una lesión cerebral y consiste en la pérdida o alteración del lenguaje, de forma que aparecen problemas en el habla, en la comprensión y en la denominación. Según la localización de la lesión, se sufrirá diferentes tipos de afasias.

Las causas que pueden originar una afasia son comúnmente un infarto cerebral, traumatismos craneoencefálicos y tumores, principalmente en las regiones temporales. Hay diferentes tipos de afasia: La afasia nominal o anómica que consiste en una alteración de la denominación, es decir, dificultades para encontrar la palabra adecuada. Los demás aspectos del lenguaje están preservados. La afasia de Broca o motora se trata de un trastorno principalmente de la expresión. Se localiza en el área 44. (Vid. Figura 11). La afasia de Wernicke o sensorial es un trastorno de la comprensión. La localización de la lesión se sitúa en el área 22. (Vid. Figura 11). La afasia de conducción es básicamente un trastorno en la repetición. Se produce después de lesiones en el fascículo arqueado (son fibras nerviosas), que comunica las áreas 44 y 22. La afasia global se refiere al tipo de afasia en el que tanto las funciones expresivas como las receptivas están gravemente afectadas. Supone un trastorno generalizado del lenguaje que combina rasgos de la afasia de Broca y de Wernicke, además de la de conducción.

Amnesia

Se caracteriza por un deterioro de la capacidad de aprender nueva información o incapacidad para recordar información previamente aprendida. Causa un deterioro significativo del funcionamiento social y laboral del paciente y no ocurre solo en el transcurso de una demencia. Las causas más frecuentes de síndrome amnésico son el alcoholismo crónico y el traumatismo cerebral. Otras causas son las enfermedades vasculares, tumores, infecciones y fármacos hipnótico-sedantes.

Patología cerebrovascular

Se denomina accidente cerebrovascular (ACV) o ictus a un grupo heterogéneo de trastornos en los que se produce una lesión cerebral por un mecanismo vascular. También se le conoce como apoplejía o *stroke*. La patología vascular cerebral es la más frecuente dentro de las enfermedades neurológicas. Incluye cualquier lesión que dé lugar a una alteración de la permeabilidad de los vasos, como la oclusión u obstrucción debido a trombosis, embolia o ruptura del vaso. Prácticamente toda enfermedad cerebrovascular comporta alteraciones neurológicas. La patología vascular más frecuente es la aterosclerosis, que produce un incremento en el grosor de las paredes de los vasos sanguíneos. La hipertensión, elevados niveles de colesterol y grasas saturadas, la diabetes y el tabaco son los principales responsables de la evolución de la aterosclerosis.

La principal causa de lesión cerebral del ACV es el infarto. Una disminución o cese en el flujo de nutrientes (principalmente oxígeno y glucosa) como consecuencia de una disrupción del flujo sanguíneo al cerebro (isquemia cerebral) puede dar lugar a la muerte de las neuronas de la región afectada. Esta muerte celular o necrosis es propiamente el infarto.

El ictus isquémico puede estar provocado por una oclusión vascular por trombosis o embolia. La trombosis es la formación de un trombo o coágulo dentro del vaso sanguíneo. El crecimiento del trombo estrecha la luz del vaso, reduciendo el flujo sanguíneo o cerrando el vaso completamente. Una embolia origina un ACV siempre que un coágulo se libere a la circulación y bloquee luego una arteria de menor calibre que el propio coágulo.

Los síntomas están determinados por la localización y el tamaño de la lesión cerebral. Por tanto, dependiendo de qué arteria se obstruya y qué territorio del cerebro irrigue existirán unos síntomas u otros. La oclusión de la arteria cerebral anterior va asociada a la debilidad del miembro inferior opuesto (paresia) que puede asociarse a la afectación sensitiva de la misma área. También pueden aparecer cambios de personalidad y humor: aumento de la agresividad e irritabilidad, pérdida de las normas de comportamiento social y falta de responsabilidad. Puede producir trastornos obsesivo-compulsivos y una falta de atención. Puede aparecer apraxia de los miembros superiores y agrafia, que consisten en la incapacidad de realizar gestos simbólicos por orden o imitación y la incapacidad de escribir letras o números, respectivamente.

Una oclusión de la arteria cerebral media origina un déficit grave que incluye hemiplejía (parálisis de medio cuerpo), hemihipoestesia (disminución de la sensibilidad de medio cuerpo), hemianopsia homónima (ceguera de la mitad derecha o izquierda de ambos ojos), y si el infarto es en el hemisferio dominante el paciente puede tener una afasia (pérdida de la capacidad para comprender o emitir el lenguaje). También puede aparecer una apraxia ideomotriz, que consiste en la dificultad en realizar gestos simbólicos o posiciones del cuerpo, ya sea por orden verbal ("haga el gesto de decir adiós") o por imitación del gesto que realiza el médico ("haga lo mismo que yo estoy haciendo". La oclusión de la arteria cerebral posterior produce un defecto visual del mismo lado, como una hemianopsia. Otro síntoma que puede aparecer es la alexia, que consiste en una incapacidad de leer, la anomia cromática, en la que el paciente no es capaz de decir correctamente el nombre de los colores. La agnosia visual, que es la incapacidad del paciente de reconocer un objeto que se le presenta visualmente, aun sin tener ningún defecto lingüístico y en ausencia de un trastorno visual evidente. La prosopagnosia, que consiste en la dificultad del reconocimiento de las caras de personas conocidas.

Los ACV hemorrágicos están producidos por la rotura de un vaso. La hipertensión es el factor principal de riesgo. Las hemorragias asociadas a hipertensión tienden a implicar a los vasos sanguíneos de la base de los hemisferios cerebrales, por lo que el daño suele ser por afectación principalmente de tálamo, ganglios basales y tronco cerebral.

Una hemorragia producida en el seno del cerebro suele estar producida por hipertensión. Se libera sangre y produce disfunción de un área localizada. Si el hematoma es de gran tamaño, sobrevienen cefalea y alteración del estado de conciencia.

Los aneurismas son dilataciones localizadas de los vasos sanguíneos de origen congénito, traumático, arterioesclerótico o infeccioso. Las manifestaciones de la ruptura de un aneurisma son un dolor de cabeza repentino acompañado de náuseas y vómitos y rigidez de cuello. El paciente puede perder o no la conciencia dependiendo de la importancia del sangrado.

Tumores cerebrales

Los tumores cerebrales los podemos definir como lesiones expansivas benignas o malignas, que forman una masa dentro de la cavidad craneal. Su importancia dentro de la patología cerebral reside en que al presentarse de muy diversas formas producen una amplia variedad de síntomas y signos neurológicos y neuropsicológicos a causa de su tamaño, su localización y sus cualidades invasoras. Pueden destruir los tejidos en los que están situados y desplazar a los que los rodean y son causas frecuentes de aumento de la presión intracraneal.

Las neoplasias cerebrales se pueden agrupar en dos tipos principales: 1) tumores primarios, aquellos que se originan en el propio sistema nervioso, y 2) tumores secundarios (metástasis) cuando son la extensión de un cáncer originado en otra parte del cuerpo (por ejemplo, pulmón). Los signos y síntomas de un tumor cerebral son consecuencia de la alteración de la zona del cerebro en donde se localice el tumor y la elevación de la presión intracraneal. Este aumento de presión puede ser producido directamente por la masa creciente o puede ser secundario a la dilatación del sistema ventricular (hidrocefalia) causada por la obstrucción del tumor de las vías del líquido cefalorraquídeo. (Vid. Figura 5). El que causen sintomatología depende del tamaño, tiempo de evolución y su propia localización.

La cefalea (dolor de cabeza) puede ser el síntoma temprano en cerca de la tercera parte de los pacientes con un tumor cerebral. Los vómitos aparecen en un número relativo de los pacientes con síndromes tumorales de este tipo, y suelen acompañar a la cefalea. Las convulsiones es otra manifestación importante en este grupo de tumores cerebrales. Las alteraciones relacionadas con la función mental consisten en la presencia de falta de aplicación a las actividades de la vida diaria, irritabilidad injustificada, labilidad emocional, reducción de los límites de la actividad mental, indiferencia a las actividades sociales normales, falta de iniciativa y espontaneidad, psicosis y somnolencia. El aumento de presión intracraneal puede causar un cuadro confusional. Debido a la compresión, podrían observarse afasias y trastornos motores.

Traumatismo craneoencefálico

El traumatismo craneoencefálico (TCE) se refiere normalmente a lesiones adquiridas que implican al cerebro tras recibir un impacto traumático. La causa más frecuente de los TCE es el accidente de tráfico. La mayoría de los TCE son a cabeza cerrada, en los que el cráneo queda intacto o fracturado pero el cerebro no queda expuesto al exterior. Los TCE a cabeza abierta o penetrante incluyen todas aquellas lesiones producidas por cualquier agente que penetra el cráneo, como por ejemplo cuando se produce una fractura y se ponen en contacto esquirlas óseas u objetos penetrantes con la masa encefálica, como una bala o un trozo de hierro despedido con gran fuerza.

Los efectos del TCE dependen de una variedad de factores tales como gravedad, edad, lugar de la lesión o lesiones. Las consecuencias de los TCE pueden ser las siguientes: déficit neurológico, conmoción, coma y convulsiones. La amnesia postraumática se refiere a la dificultad en la adquisición y evocación de nueva información y es frecuente en TCE graves y moderados. La alteración lingüística más frecuente en el TCE es la anomia o dificultad en evocar el nombre de objetos comunes. La intensidad de la lesión subyacente depende de los movimientos de aceleración-desaceleración cefálicos al recibir el traumatismo; este puede producir roturas de vasos con hemorragias secundarias que llevan, a su vez, a la muerte o dejan importantes secuelas en los pacientes que sobreviven.

Enfermedades neurodegenerativas

El término enfermedades neurodegenerativas se utiliza para incluir un grupo de alteraciones neurológicas cuyas causas o no se conocen o no son bien conocidas, pero que tienen en común la desintegración gradual progresiva del sistema nervioso. Las enfermedades que se incluyen bajo la categoría de neurodegenerativas se caracterizan clínicamente por iniciarse de manera insidiosa, después de un período prolongado de funcionamiento normal del sistema nervioso y siguen un curso gradualmente progresivo.

Enfermedad de Alzheimer

Es la enfermedad degenerativa del cerebro más frecuente e importante. Aunque la enfermedad se ha observado en todos los períodos de la vida adulta, la mayoría de los pacientes se encuentran en la década de los 60 años o más y un número relativamente pequeño se ha encontrado al final del decenio de los 50 años o antes. La causa es multifactorial con diversos factores de riesgo, que incluyen la predisposición genética, la edad (es más frecuente a partir de los 65 años) y factores de riesgo exógenos que parecen favorecer su desarrollo, como ocurre con los traumatismos craneoencefálicos graves. La enfermedad de Alzheimer da lugar a una atrofia cerebral progresiva, que comienza en regiones temporales para afectar luego al córtex, sobre todo temporoparietal y frontal. Se producen la lesión y posterior destrucción de la neurona cerebral, en relación con la aparición de unos depósitos fuera de las neuronas que son la proteína β-amiloide, y unos depósitos intracelulares cuyo principal componente es la proteína tau (τ).

Los 10 signos de alarma de la enfermedad de Alzheimer que difunde la Asociación Americana de Alzheimer son los siguientes:

1. Pérdida de memoria que afecta a la capacidad laboral.
2. Dificultad para llevar a cabo tareas familiares.

3. Problemas con el lenguaje.
4. Desorientación en tiempo y lugar.
5. Juicio pobre o disminuido.
6. Problemas con el pensamiento abstracto.
7. Cosas colocadas en lugares erróneos.
8. Cambios en el humor o en el comportamiento.
9. Cambios en la personalidad.
10. Pérdida de iniciativa.

Proceso de la enfermedad de Alzheimer

El motivo de consulta suele ser la pérdida de memoria, especialmente de la memoria reciente. La persona afectada repite una y otra vez las mismas cosas y hace una y otra vez las mismas preguntas. El rendimiento laboral es cada vez más pobre y comienza algo más adelante a presentar ideas delirantes, culpando a familiares de esconderle o quitarle las cosas. Luego, su aspecto comienza a dejar de preocuparle, y cada vez le cuesta más trabajo seguir una conversación, quedándose con frecuencia sin saber lo que iba a decir. Empieza ya a retraerse, tendiendo a dejar de salir y a abandonar sus aficiones habituales. Aparecen episodios de desorientación espacial, que inicialmente se refieren solo a los lugares menos familiares. Su percepción de la realidad es cada vez más pobre, y el cuadro evoluciona ya con rapidez hacia la demencia grave. Tiene entonces dificultades para vestirse, asearse, manejar cubiertos de manera adecuada, duerme mal, está hiperactivo y a veces se orina en la cama. Pueden aparecer crisis epilépticas y el paciente camina con lentitud, con el tronco flexionado. Orina y defeca en lugares inapropiados, apenas emite algunas palabras ininteligibles y tiene intensos trastornos del sueño y del comportamiento. Finalmente llega a no poder andar y a no comunicarse en absoluto, y fallece a causa de los procesos intercurrentes (como neumonías...).

Demencia frontotemporal

El término demencia frontotemporal se refiere a una alteración neurodegenerativa de inicio insidioso y progresión lenta que afecta a los lóbulos frontales y temporales. La demencia frontotemporal y la enfermedad de Alzheimer son entidades que pueden confundirse, especialmente en sus últimas etapas, en las que se muestran indistinguibles. El rasgo más característico de la demencia frontotemporal es el importante cambio que experimenta el paciente en la conducta social y la personalidad, pudiendo aparecer muestras de este cambio algunos años antes de que se realice el diagnóstico. Otros signos relativamente frecuentes suelen ser alteraciones en el habla y el lenguaje, rigidez y temblor. Se ha observado una incidencia mayor de demencia frontotemporal tras un TCE que en la población general, normalmente a partir de los 4 años después del TCE, lo que sugiere que el TCE puede ser un factor que contribuye a su aparición. El curso de la enfermedad se caracteriza por ser progresivamente deteriorante, aunque la velocidad del deterioro varía ampliamente entre diferentes pacientes. En el sexo femenino se observa más frecuentemente, comenzando entre los 45 y los 60 años de edad. El cerebro presenta una atrofia acentuada de los lóbulos mencionados anteriormente, la cual es habitualmente asimétrica entre ambos hemisferios cerebrales.

Demencia vascular

Hace referencia al deterioro cognitivo producido por la suma de infartos en el territorio que irrigan las arterias de calibre grande y mediano. Las claves para la diferenciación de este tipo de demencia y una degenerativa pueden incluir inicio brusco, evolución fluctuante, síntomas neurológicos focales y presencia de factores de riesgo vascular (el más importante es la hipertensión, aunque hay que tener en cuenta la diabetes, el tabaquismo y la obesidad). La presentación clínica de la demencia multiinfarto o vascular depende de la localización y número de infartos. También es frecuente la asociación de cuadros confusionales, y alteraciones de la marcha.

Enfermedad de Parkinson

La enfermedad de Parkinson es un trastorno degenerativo del sistema nervioso central caracterizado por la degeneración de un tipo de células que fabrican un neurotransmisor denominado dopamina, responsable de transmitir la información necesaria para el correcto control de los movimientos: coordinación del movimiento y tono muscular y de la postura. Cuando hay una marcada reducción del nivel de dopamina, las estructuras que reciben esta sustancia no son estimuladas de manera conveniente y esto se traduce en temblor, rigidez, lentitud de movimientos e inestabilidad postural.

La presencia de dopamina es esencial para que los movimientos del cuerpo humano se produzcan de forma efectiva y armónica. La degeneración progresiva de las neuronas productoras hace que esta sea una enfermedad cuyos síntomas aparecen muy poco a poco. En un cerebro normal, los niveles de dopamina y acetilcolina se encuentran en equilibrio e igualados en sus funciones inhibitorias y excitatorias. Cuando se reducen los niveles de dopamina, se rompe dicho equilibrio pues la acetilcolina comienza a tener un exceso en su actividad excitatoria, lo que provoca enfermedad de Parkinson.

Los ganglios basales tienen como función el mantenimiento de la postura del cuerpo y de las extremidades y la producción de movimientos espontáneos (como parpadeo) y automáticos que acompañan a un acto motor voluntario (como el balanceo de brazos al andar).

La causa de la aparición de esta enfermedad es aún desconocida, y se supone que existe un origen multifactorial, estando implicados tanto factores genéticos como ambientales. Al inicio de la enfermedad puede observarse una ligera disminución del braceo, ligera rigidez y leve temblor. La incapacidad es nula o mínima. El paciente realiza sin ayuda todas las actividades de la vida diaria y le cuesta un poco de trabajo cortar filetes duros, abrocharse el primer botón de la camisa, levantarse de un sillón muy bajo, girar con rapidez en la cama, etc. Sigue llevando a cabo sus obligaciones laborales y sociales. Posteriormente la progresión de la enfermedad comienza a impedir que el enfermo lleve a cabo su actividad sociolaboral y familiar. Al paciente puede costarle mucho trabajo realizar ciertas actividades de la vida diaria, para las que ya precisa ocasionalmente ayuda: introducir el brazo en la manga en la chaqueta, entrar y salir de la bañera, afeitarse, cortar la carne, levantarse de la cama y de un sillón bajo. La rigidez y la lentitud de movimientos son marcadas, el temblor puede ser manifiesto, el paciente camina arrastrando la pierna, no bracea, el codo se coloca en flexión y la mano comienza a adoptar una postura en tienda de campaña. El síndrome se ha hecho bilateral, aunque es asimétrico y hay rigidez. La levodopa es el fármaco más efectivo para controlar los síntomas de la enfermedad.

Enfermedad mental

Psicosis

El término psicosis se refiere a un síndrome no específico caracterizado por delirio, alucinaciones, pérdida de contacto con la realidad y conducta extraña. Este síndrome puede ser el resultado de una esquizofrenia, aunque los trastornos por abuso de sustancias (alucinógenos) pueden igualmente dar lugar a estos síntomas.

El delirio es la falsa creencia basada en una deducción incorrecta relativa a la realidad externa, que es firmemente sostenida, a pesar de que casi todo el mundo cree lo contrario y a pesar de cuanto constituye una prueba o evidencia incontrovertible y obvia de lo contrario. Por consiguiente, las falsas creencias se mantienen con absoluta convicción, se experimentan como una verdad evidente por sí misma, no se dejan modificar por la razón ni por la experiencia, su contenido es a menudo fantástico y no son compartidas por los otros miembros del grupo social o cultural.

Según el contenido del delirio, este puede ser de diferentes tipos como por ejemplo el delirio de persecución, culpa, ruina, celos, delirios fantásticos, delirios físicamente imposibles, creencia de estar infectado por insectos bajo la piel, etc.

Las alucinaciones son una percepción en ausencia de un objeto o estímulo externo. El individuo está totalmente convencido de que lo percibido es real.

Existen varios tipos de alucinaciones como son las auditivas, visuales, somáticas, en las que tienen una percepción de sensación corporal extraña como de electricidad, quemadura, etc., olfativas y gustativas.

La esquizofrenia es la psicosis primaria más común. Es un trastorno grave que empieza normalmente en la adolescencia tardía o en la primera juventud; afecta más o menos por igual a ambos sexos. El delirio (creencia fuerte en ideas que son falsas y sin ningún fundamento en la realidad) y las alucinaciones (especialmente las auditivas, por ejemplo, oír voces) son características psicóticas típicas de este trastorno. La esquizofrenia sigue un curso variable, cerca de un tercio de los casos experimenta una recuperación sintomática y social completa. No obstante, la esquizofrenia puede seguir un curso crónico o recurrente, con síntomas residuales y recuperación social incompleta. El tratamiento a corto plazo con psicofármacos denominados antipsicóticos tiene como objetivo principal reducir los síntomas más graves como las alucinaciones, el delirio, la agitación y comportamiento desorganizado. Los antipsicóticos o neurolépticos generalmente suelen actuar a nivel de los receptores de los neurotransmisores. Se cree que un exceso o mal ajuste de estos neurotransmisores es lo que causa los síntomas de la esquizofrenia, por eso, los antipsicóticos bloquean parte de estos receptores y así, al modular su efecto, los síntomas van disminuyendo e incluso llegan a desaparecer. Por ejemplo, la risperidona es un bloqueante de los receptores de la dopamina.

Depresión

La depresión es una enfermedad caracterizada por episodios de tristeza con una disminución de la vitalidad y una reducción del nivel de actividad. Es frecuente una pérdida de la capacidad de interesarse y disfrutar de las cosas, una disminución de la concentración, y un cansancio exagerado que aparece incluso tras un esfuerzo mínimo. Son comunes los trastornos del sueño y la pérdida del apetito. También se caracteriza por la pérdida de confianza en sí mismo y el sentimiento de inferioridad; incluso en los episodios más leves están presentes las ideas de culpa y de ser inútil.

Aunque la sensación de depresión es común, especialmente después de experimentar contratiempos de la vida, los trastornos depresivos solo serán diagnosticados cuando los síntomas alcancen un umbral y duren al menos dos semanas. La depresión debe distinguirse de los estados de angustia subjetiva y trastorno emocional, que pueden interferir con el quehacer social y desempeño de tareas, y surgen en períodos de adaptación a un cambio significativo en la vida o a un acontecimiento vital estresante (por ejemplo, muerte de un ser querido).

Uno de los desenlaces del trastorno depresivo particularmente trágico es el suicidio.

Los fármacos antidepresivos son eficaces en aproximadamente 60% y pueden tardar de 6 a 8 semanas en ejercer su efecto terapéutico completo.

Enfermedad maníaco-depresiva

Es un trastorno caracterizado por la presencia de episodios de manía y depresión mayor. Un episodio maníaco se caracteriza por una exaltación persistente del estado de ánimo, un aumento de la vitalidad y de la actividad, y, en general, por sentimientos marcados de bienestar y de elevado rendimiento físico y mental. La exaltación del humor no guarda relación con las circunstancias ambientales del paciente y puede variar de la jovialidad despreocupada a la excitación casi incontrolable. Con frecuencia el paciente se vuelve más sociable y hablador, se comporta con una familiaridad excesiva, muestra un excesivo vigor sexual y una disminución de la necesidad de sueño.

En algunos casos la irritabilidad, el engreimiento y la grosería pueden sustituir a la exagerada sociabilidad eufórica. En los episodios maníacos graves, hay una imposibilidad de mantener la atención y a menudo una gran tendencia a distraerse. En los casos muy graves, están presentes las alucinaciones (generalmente de voces que hablan directamente al paciente); la excitación, la actividad motora excesiva y el "vuelo de las ideas" son tan exagerados que el tema es incomprensible.

Uno de los medicamentos antimaníacos muy eficaces en el tratamiento a corto plazo de la manía es el valproato. En los episodios maníacos menos graves, puede plantearse la administración de litio ya que el comienzo de la acción es más lento que con el valproato.

Trastorno obsesivo-compulsivo

La característica esencial del trastorno obsesivo-compulsivo (TOC) es la presencia de pensamientos obsesivos o actos compulsivos recurrentes. Los pensamientos obsesivos son ideas, imágenes o impulsos que irrumpen una y otra vez en la actividad mental del paciente, de una forma estereotipada. Suelen ser siempre desagradables y el paciente intenta, por lo general sin éxito, resistirse a ellos. Son, sin embargo, percibidos como pensamientos propios, a pesar de que son involuntarios y a menudo repulsivos. Los actos o rituales compulsivos son formas de conducta que se repiten una y otra vez. Su función es prevenir algún suceso, objetivamente improbable, a menudo un daño causado al o por el paciente, quien teme que, de otro modo, puede ocurrir. Generalmente, este comportamiento es reconocido por el paciente como carente de sentido o eficacia y hace reiterados intentos para resistirse a él. Casi siempre está presente un cierto grado de ansiedad, la cual empeora si los actos compulsivos son resistidos.

La característica esencial del trastorno de pánico es la presencia de crisis recurrentes de ansiedad grave (pánico), que no están limitadas a ninguna situación o conjunto de circunstancias particulares y, por consiguiente, son impredecibles.

El TOC se trata utilizando una combinación de medicamentos y terapia conductual. Los psicofármacos empleados son los antidepresivos, antipsicóticos y estabilizadores del estado de ánimo. Cuando el TOC es crónico, grave y resistente al tratamiento farmacológico, puede utilizarse la terapia de estimulación cerebral profunda, la cual puede aliviar los síntomas. Es una terapia ajustable y reversible que utiliza un dispositivo implantado que estimula áreas del cerebro a través de impulsos eléctricos.

Drogas y cerebro

Las drogas son sustancias químicas que interfieren en las neuronas que normalmente envían, reciben y procesan los impulsos nerviosos. Algunas drogas, como la marihuana y la heroína, pueden activar las neuronas porque su estructura química imita la de un neurotransmisor natural. Esta similitud permite que puedan entrar en los receptores y se adhieran a las neuronas, activándolas. Aunque estas drogas imitan a las sustancias químicas propias del cerebro, no activan las neuronas de la misma manera que lo hace un neurotransmisor, y por lo tanto dan lugar a mensajes anómalos que se transmiten a través de la red neuronal. Otras drogas, como las anfetaminas o la cocaína, pueden causar que las neuronas liberen cantidades inusualmente grandes de neurotransmisores o pueden prevenir el reciclaje normal de estas sustancias químicas del cerebro. Esta alteración produce en última instancia una interrupción de los canales de comunicación.

La mayoría de las drogas adictivas, directa o indirectamente, producen un aumento de la dopamina. La dopamina es un neurotransmisor que regula entre otros los aspectos relacionados con el placer. Cuando se activa a niveles normales, este sistema recompensa nuestros comportamientos naturales. Sin embargo, la sobrestimulación del sistema con drogas produce efectos de euforia, que refuerzan fuertemente el consumo. Debido a que las drogas adictivas estimulan el mismo circuito, llegamos a abusar de ellas. Cuando se toman algunas drogas adictivas, pueden liberar de 2 a 10 veces más la cantidad de dopamina que las recompensas naturales. En algunos casos, esto ocurre casi de inmediato, y los efectos pueden durar mucho más que los producidos por las recompensas naturales. Los efectos resultantes sobre el circuito de recompensas del cerebro son inmensos en comparación con los producidos por los comportamientos naturales de gratificación. El efecto de una recompensa tan poderosa motiva fuertemente a consumir drogas una y otra vez.

Para el cerebro, la diferencia entre las recompensas naturales y las recompensas producidas por las drogas se puede describir como la diferencia entre alguien que susurra al oído y alguien que grita con un micrófono. Así como rechazamos el volumen demasiado alto de una radio, el cerebro se ajusta a las oleadas abrumadoras de dopamina (y otros neurotransmisores), produciendo menos dopamina o disminuyendo el número de receptores que pueden recibir señales. Como resultado, el impacto de la dopamina sobre el circuito de recompensas del cerebro de una persona que abusa de las drogas puede llegar a ser anormalmente bajo, y se reduce la capacidad de esa persona de experimentar cualquier tipo de placer. Así, una persona que abusa de las drogas eventualmente se siente aplacada y deprimida, y es incapaz de disfrutar de las cosas que antes le resultaban placenteras. Ahora, la persona necesita seguir consumiendo drogas una y otra vez solo para tratar de que la función de la dopamina regrese a la normalidad, lo cual solo empeora el problema, como un círculo vicioso.

Además, la persona a menudo tendrá que consumir cantidades mayores de la droga para conseguir el efecto deseado y que le es familiar, que resulta un fenómeno de la dopamina alta, conocido como tolerancia. La exposición crónica a las drogas adictivas merma el autocontrol y la capacidad de una persona de tomar decisiones acertadas, a la vez que produce impulsos intensos de consumir drogas.

El abuso de drogas y la enfermedad mental a menudo coexisten. En algunos casos, los trastornos mentales como la ansiedad, la depresión o la esquizofrenia pueden preceder a la adicción; en otros casos, el abuso de drogas puede desencadenar o exacerbar los trastornos mentales, particularmente en personas con vulnerabilidades específicas.

Capítulo 3

¿Lo sabemos todo del cerebro?

Las novedosas investigaciones de la neurociencia moderna han puesto de relieve muchos resultados de gran trascendencia. Descubrimientos de proteínas, nuevos fármacos para enfermedades neurológicas y mentales, etc. ponen de manifiesto los avances en el conocimiento del cerebro.

Precisamente una de las investigaciones que actualmente se está llevando a cabo sobre el tema es el Proyecto Cerebro Humano. Este proyecto consiste en la creación de una gran simulación digital del cerebro recopilando información de los diversos enfoques de investigación avanzada y hacer así posible la construcción de modelos de actividad cerebral a través del uso de poderosas supercomputadoras. Esto permitirá un entendimiento más profundo del cerebro y sus enfermedades.

Este extraordinario progreso de la neurociencia ha proporcionado y está proporcionando una gran cantidad de datos sobre las funciones cerebrales, y ha provocado en no pocos el convencimiento de que estamos muy cerca de desentrañar el misterio global de la organización del pensamiento humano y, en general, de todas las llamadas "funciones superiores" del hombre. Así, se están realizando estudios neuropsicológicos gracias a los cuales comienza a parecer posible el proyecto de manipular la conducta humana mediante la activación y desactivación artificial de determinados centros cerebrales y de sistemas de conexiones que rigen el funcionamiento unitario del sistema nervioso. Incluso de establecer movimientos robóticos mediante la implantación de microelectrodos en la corteza cerebral, con el objetivo de registrar pulsos de electricidad de las neuronas cerebrales con los que poder movilizar un brazo biónico externo. Estos microelectrodos, a diferencia de otros ensayos con pacientes amputados, en lugar de implantarlos en las áreas motoras, responsables directas del movimiento, se han llegado a colocar en la corteza parietal posterior, que participa en la intención de movernos. En estudios con animales, se ha visto que la corteza parietal posterior transmite la intención de movimientos a la corteza motora y, a través de la médula espinal, las órdenes del cerebro llegan a los brazos y las piernas, encargados de ejecutar la acción.

Por otra parte, en el ámbito de las ciencias de la computación conviene considerar el tema de la inteligencia artificial. Esta es concebida como el intento por desarrollar una tecnología capaz de proveer al ordenador capacidades de conducta y razonamiento similares a los de la inteligencia humana. De este modo podemos encontrar sistemas que se ocupan de imitar el pensamiento humano, siendo un ejemplo las redes neuronales artificiales, que justamente imitan el funcionamiento del sistema nervioso.

El ejemplo más claro de sistema que imita el comportamiento humano es el robot. Podría considerarse que no hay nada en las neuronas que no se pueda sustituir con transistores.

El denominado test de Turing desarrollado por Alan Turing es una prueba cuyo objetivo es identificar la existencia de inteligencia en un ordenador. La prueba consiste en que el ordenador ha de hacerse pasar por un humano en una conversación con un hombre a través de una comunicación de texto estilo chat. Al sujeto no se le avisa de si está hablando con una máquina o una persona. Si el sujeto es incapaz de determinar si la otra parte de la comunicación es humana o máquina, entonces se considera que la máquina ha alcanzado un determinado nivel de madurez: es inteligente. Todavía ninguna máquina ha podido pasar este examen en una experiencia utilizando el método científico. Por otra parte, Roger Penrose argumentó lo siguiente:

Supongamos que una persona no sabe hablar chino y que no sabe nada de su escritura. Esta persona se encierra en una habitación con cajas llenas de símbolos chinos y tiene a su disposición un libro de instrucciones, una especie de programa informático que le permite responder preguntas en chino, dirigidas a esa persona. Le presentan a dicha persona una serie de símbolos desconocidos para él, pero al consultar el libro de instrucciones sabe qué hacer, qué cajas debe escoger para responder a dichas preguntas, la persona las manipula de acuerdo con las instrucciones del programa y dispone de los símbolos que se entenderán como una respuesta.

Se puede suponer que la persona pasó satisfactoriamente la prueba de Turing (mencionada anteriormente) sobre la comprensión del chino, pero de todas maneras, es obvio que esa persona no sabe nada de ese idioma. El argumento está en que si esta persona efectivamente no entiende chino con la ejecución de las instrucciones, una computadora digital tampoco lo hará. Es decir, si esa persona no entiende ese idioma basándose solamente en el funcionamiento de un programa informático para comprender chino, tampoco comprende entonces, con ese mismo fundamento, ninguna otra computadora digital. Las computadoras digitales se limitan a manipular símbolos de acuerdo con las reglas de un programa determinado.

¿Todos los procesos mentales son operaciones del cerebro?

¿Cómo es posible que todo este conjunto biológico de células y conexiones que hemos presentado en su total complejidad puedan elaborar los procesos mentales?

Muchos neurocientíficos consideran que la actividad mental y cognitiva se reduce únicamente a la estructura físico-química cerebral. Manifiestan que todos los procesos mentales son operaciones cerebrales y los genes establecen conexiones específicas en el cerebro. Las neuronas y las células gliales (las células gliales, conocidas también genéricamente como glía o neuroglia, son células del sistema nervioso que desempeñan, de forma principal, la función de soporte de las neuronas) forman redes que se encargan del procesamiento de información y son responsables del lenguaje y el pensamiento, entre otros fenómenos mentales.

De hecho, se investiga para conocer los diferentes patrones de activación de redes neurales que proporcionen una idea clara de cómo funciona el sistema nervioso en su conjunto, especialmente en sus porciones cerebrales. Estos estudios de redes neuronales se fundamentan en la coordinación e integración efectiva de una gran cantidad de conexiones e interacciones celulares. Precisamente, una de las situaciones críticas por la que pasan las investigaciones neurobiológicas es la falta de esa visión de conjunto tan necesaria para obtener una "fotografía" adecuada de la activación global de nuestro cerebro. Los estudios sobre redes neuronales y la nueva teoría sobre las conexiones nerviosas han dado lugar al denominado "conectoma". El modelo de funcionamiento del sistema nervioso central según las redes neuronales pretende entender mejor las respuestas nerviosas y la posibilidad de replicar tales circuitos de forma artificial para simular operaciones neurobiológicas y comprender así el funcionamiento interno de nuestro cerebro.

Por consiguiente, se puede decir que el área de Broca, el área de Wernicke, la corteza auditiva, el giro cingulado y las regiones del lóbulo frontal son necesarios para poder escuchar, comprender y generar algún tipo de lenguaje hablado y escrito. Esta organización neuronal es producto de las instrucciones genéticas en el desarrollo embrionario. Los genes son los responsables de la formación de las áreas antes mencionadas para que estas procesen la información proyectada desde la cóclea (es una estructura en forma de tubo enrollado en espiral situada en el oído interno y forma parte del sistema auditivo) de cada oído hasta los núcleos auditivos del cerebro medio y del tálamo. De igual forma, se necesitan conexiones entre regiones asociativas del hemisferio izquierdo con regiones que controlan la lengua y la boca para la producción del lenguaje hablado.

A pesar de toda esta interconectividad tan compleja, estas estructuras no pueden por sí solas generar

lenguaje hasta que esté presente un elemento suma-
mente importante: la experiencia. El contacto social
y la relación con otras personas es lo que permite que
esas regiones cerebrales funcionen, entiendan y ge-
neren lenguaje.

Por otra parte, las enfermedades mentales tienen
un fuerte componente biológico aunque también
existe una combinación de factores hereditarios, problemas en el desarrollo y múltiples variables sociales.
No hay razón para no reconocer que las investigaciones en el campo de la genética y la biología molecular
han arrojado luz sobre cómo opera el cerebro y sobre
qué son las enfermedades mentales.

Las drogas y ciertos medicamentos pueden dar
lugar a modificaciones en el estado mental, y por otra
parte es conocida la posibilidad de que un trastorno
mental sea causado por una enfermedad del cerebro.
Por ejemplo, se ha descrito el caso de un paciente
que durante tiempo había tenido alteraciones en el
comportamiento, alucinaciones y deficiencias en la
memoria, y la razón por la cual se producían estos
cambios era un tumor cerebral que fue extirpado por
el neurocirujano.

Las observaciones farmacológicas y el uso de psicofármacos confirman que la depresión involucra
cambios en diferentes sistemas de neurotransmisión
y alteraciones tanto en la comunicación sináptica
como en las distintas cascadas de eventos molecu-
lares que resultan colectivamente en alteraciones de
cognición y emoción.

Un caso curioso que avala esta exposición fue el de Phineas Gage. Phineas era un modesto obrero, responsable y educado que estaba trabajando en la construcción de las vías del ferrocarril del Estado de Vermont en los EE.UU. El 13 de septiembre de 1848 se le encomendó la misión de destruir una enorme roca que obstruía la línea trazada por los ingenieros. Para lograrlo, el obediente Phineas hizo una profunda perforación en la piedra, la llenó de pólvora y al apisonarla con una barra de metal, la fricción de la barra con las paredes del agujero hizo saltar una chispa y se produjo una explosión. La barra, de más de un metro de largo, salió expulsada, atravesando la cabeza de Phineas Gage en su trayectoria afectando al lóbulo frontal. Increíblemente, el obrero sobrevivió al accidente. Los primeros médicos que lo atendieron comprobaron que estaba lúcido y podía recordar con precisión todo lo ocurrido. Estuvo dos meses convaleciente, perdió mucha sangre, casi murió producto de una infección que tuvo en la herida, pero su salud física paulatinamente se restableció. Pero no su estado mental. Su personalidad era distinta. Con un notorio déficit intelectual, Phineas ya no era tan amistoso y se convirtió en un sujeto agresivo y poco respetuoso. Sus amigos no lo reconocían. Pasó de ser el empleado modelo que fue a convertirse en un tipo holgazán e irresponsable.

Entre los autores más importantes que están de acuerdo con estos principios científicos tenemos a Antonio Damasio. El profesor Damasio pone de relieve que la razón humana depende de varios sistemas cerebrales que trabajan al unísono a través de muchos niveles de organización neuronal, desde las cortezas prefrontales al hipotálamo y al tallo cerebral. La actividad mental, desde sus aspectos más simples a los más sublimes, requiere a la vez del cerebro y del cuerpo. El cuerpo tal como está representado en el cerebro proporciona algo más que el mero soporte y el marco de referencia para los procesos neuronales: proporciona la materia básica para las representaciones cerebrales, es decir, el cerebro y el resto del cuerpo constituyen un organismo indisociable integrado por circuitos reguladores bioquímicos y neurales que se relacionan con el ambiente como un conjunto, y la actividad mental surge de esta interacción.

Joseph Leroux elabora una idea de cómo nuestra esencia individual y subjetiva es producto de la relación entre el sistema límbico (emociones) y los circuitos de la corteza cerebral que controlan procesos cognitivos y motivacionales.

Steven Pinker concluye que la mente es un sistema de información y computación que nos permitió, durante el proceso evolutivo, entender los animales, plantas y objetos de nuestro ambiente. Nuestra historia personal, alegrías, tristezas, deseos y frustraciones existen en nuestro cerebro y son productos de la selección natural.

Paul Churchland considera que la existencia de la mente es una teoría primitiva precientífica y que los estados mentales como las creencias, deseos, sentimientos, intenciones no existen realmente. Tal psicología debe ser sustituida por una neurociencia estricta, que parta de la idea de que las actividades cognitivas son en última instancia actividades del sistema nervioso. Propone empezar por comprender el desarrollo de las neuronas y su comportamiento físico, químico y eléctrico, y solo después trata de comprender lo que sabemos sobre la actividad cognitiva. Cuando la neurociencia haya alcanzado un nivel de desarrollo en el que la pobreza de nuestras concepciones actuales resulte evidente para todo el mundo, y se establezca la superioridad del nuevo marco de referencia, entonces seremos capaces finalmente de emprender la tarea de volver a pensar nuestros estados y actividades internos dentro de un marco conceptual verdaderamente adecuado. Las explicaciones que nos demos recíprocamente de nuestras conductas tendrán que recurrir a elementos tales como los estados neurofarmacológicos.

Hipótesis del Dr. Francis Crick

En el libro The Astonishing Hypothesis: The Scientific Search for the Soul (año 1994), el Dr. Francis Crick afirmaba que la ciencia del cerebro encuentra neuronas y procesos neuronales por todas partes. A lo largo del libro, Crick propone una hipótesis revolucionaria: "La hipótesis revolucionaria es que 'Usted', sus alegrías y sus penas, sus recuerdos y sus ambiciones, su propio sentido de la identidad personal y su libre voluntad, no son más que el comportamiento de un vasto conjunto de células nerviosas y de moléculas asociadas. Tal como lo habría dicho la Alicia de Lewis Carroll:

No eres más que un montón de neuronas.

Esta hipótesis resulta tan ajena a las ideas de la mayoría de la gente actual que bien puede calificarse de revolucionaria".

Comenta que "un sistema complejo puede explicarse por el funcionamiento de sus partes y las interacciones entre ellas". Deduce que todo queda reducido a los átomos químicos (un átomo es la unidad constituyente más pequeña de la materia que tiene las propiedades de un elemento químico).

Jack Smart y David Armstrong han propuesto que los procesos mentales son idénticos a los procesos cerebrales. La única explicación de la conducta humana que es posible establecer científicamente es la que se realiza en términos del funcionamiento físico-químico del sistema nervioso central. Las informaciones de los órganos sensoriales son transmitidas al cerebro, en la mente se transforman en experiencias, perspectivas, etc., y posteriormente la mente es capaz de actuar sobre el cerebro desencadenando procesos neuronales. Por consiguiente, los estados mentales son idénticos a los estados puramente físicos del sistema nervioso central y la psicología debe reducirse a la neurofisiología (las funciones del sistema nervioso).

John Searle propone que los procesos mentales, conscientes o inconscientes, están causados por procesos cerebrales, pero no se reducen a estos sino que son fenómenos que emergen de los sistemas neurofisiológicos en el largo proceso evolutivo de la especie. Según Searle todos los fenómenos mentales están efectivamente causados por procesos que acaecen en el cerebro y para cualquier fenómeno mental, hay condiciones causalmente suficientes en el cerebro, por consiguiente los fenómenos mentales son solo rasgos del cerebro, es decir, propiedades físicas de alto nivel. En el ámbito físico debemos distinguir entre micropropiedades y macropropiedades. Las micropropiedades son las partículas, sus entrelazamientos, movimientos e interacciones; las macropropiedades serían fenómenos globales como la fluidez o la solidez de los cuerpos. No se puede decir que una molécula de agua sea líquida o sólida, pero sí se puede predicar la fluidez o la solidez de un conjunto de moléculas. En consecuencia, las propiedades mentales solo son características físicas de alto nivel de ciertos sistemas físicos.

Hillary Putnam y Jerry Fodor propusieron que los procesos mentales internos son estados funcionales del organismo cuyo órgano no es necesariamente el cerebro. Así, por ejemplo, el dolor no es un estado físico-químico del cerebro o del sistema nervioso, sino un estado funcional del organismo tomado en su totalidad. De este modo, los fenómenos mentales son estados funcionales del organismo y no es posible conocerlos estudiando procesos parciales en los que están implicados, como los procesos cerebrales. Según este argumento, la función puede ser desempeñada por sistemas muy distintos, ya que la naturaleza de sus componentes no es esencial para el correcto desempeño de su función. Una cosa es un reloj o un termostato por la función que realizan (dar la hora, desconectar la corriente cuando se alcanza una determinada temperatura) y otra el material del que están hechos. Del mismo modo, los deseos son estados de sistemas físicos que pueden estar hechos de diferentes tipos de materiales. Algo es un deseo en virtud de lo que hace y no en virtud de los materiales de los que su sistema está compuesto. No es analizando el sistema sino su función como comprenderemos el proceso.

Por otra parte, cabe mencionar que la resonancia magnética funcional permite visualizar las áreas cerebrales que se activan mientras se está realizando una operación mental. Se han realizado investigaciones en relación con algunos tipos de memoria, como la memoria de trabajo, poniendo de relieve la activación de áreas del córtex prefrontal. (Vid Figura 36). En el proceso de memoria remota con paradigmas de reconocimiento facial, se han observado zonas de actividad en áreas de la corteza temporal y occipital del mismo lado. La matemática es un proceso intelectual en el que intervienen una variedad de funciones incluyendo las habilidades visuoespaciales, la memoria, la atención y la representación semántica. Los estudios de imagen de la activación cerebral durante las tareas de matemáticas han mostrado que varias regiones del cerebro están involucradas en el procesamiento numérico. En el trastorno por déficit de atención/hiperactividad, la resonancia magnética funcional sugiere una disfunción del circuito que involucra a la corteza prefrontal y a su relación con los núcleos de la base, tálamo y cerebelo como base fisiopatológica de este trastorno. La activación regional en la corteza prefrontal dorsolateral se acompaña de déficit de la atención sostenida en pacientes con trastorno bipolar (enfermedad maníaco-depresiva) y en individuos sanos. (Vid. Figura 36).

Considerando todas estas propuestas podemos concluir que se han delimitado distintas áreas de la corteza cerebral especializadas en recibir y procesar las informaciones sensoriales y controlar las reacciones musculares: áreas auditivas, visuales, motoras, etc. Las denominadas áreas de asociación parecen estar encargadas de interpretar, integrar y coordinar las informaciones procesadas por las áreas sensoriales y motoras. Las áreas de asociación serían responsables así de nuestras funciones mentales superiores: lenguaje, pensamiento, razonamiento, memoria, planificación de la acción, creatividad, etc. Cada uno de los hemisferios controla y ejecuta funciones diferentes o aspectos diferentes de una misma función. En términos generales, parece que en la mayor parte de las personas el hemisferio izquierdo controla la habilidad lingüística, numérica y de pensamiento analítico, mientras que el hemisferio derecho controla las habilidades espaciales complejas, como la percepción de patrones y aspectos de ejecución artística y musical. Sin embargo, las actividades complejas requieren de la interrelación de los dos hemisferios. Por otra parte, hay muchas funciones, principalmente de las áreas primarias sensoriales y motoras, que parecen idénticas en ambos hemisferios. En definitiva, hay una especialización funcional pero la actividad conjunta de ambos hemisferios es necesaria para el funcionamiento integral del cerebro. Por consiguiente, aunque ciertas funciones de la mente están localizadas en determinadas regiones cerebrales, el cerebro se comporta como un todo unificado.

¿Todos los procesos mentales son únicamente operaciones realizadas por las neuronas?

Hecha la exposición previa parece que la pregunta que se ha realizado al principio del epígrafe anterior queda contestada: solo una compleja red neuronal funcionante da origen a los procesos mentales y cognitivos. Sin embargo, otro neurocientífico, John Eccles, declaraba inexplicable la conciencia subjetiva que tenemos de nuestras operaciones mentales. Para Eccles, el cerebro no es una estructura lo suficientemente compleja para dar cuenta de los fenómenos relacionados con la conciencia y los procesos mentales, por lo que hay que admitir la existencia autónoma de una mente autoconsciente distinta del cerebro, como una realidad no material ni orgánica que ejerce una función superior de interpretación y control de los procesos neuronales.

Eccles también sostiene que el "yo" actúa sobre el cerebro en unas agrupaciones neuronales ubicadas en el hemisferio cerebral dominante a nivel de las áreas asociativas, las cuales están relacionadas con las demás estructuras cerebrales: la mente recogería e integraría las señales emitidas por el cerebro, y a su vez la mente actuaría sobre estos grupos neuronales y, a través de ellos, sobre los demás. Las informaciones procedentes de los órganos sensoriales son transmitidas al cerebro, pero solo en la mente se transforman en las experiencias perceptivas, que son distintas a los procesos cerebrales.

Por consiguiente, existe un aspecto que no acaba de correlacionarse adecuadamente. Es cierto que el sustrato anatómico y neuroquímico cerebral está relacionado directamente con todas las características que componen la mente. Pero no es menos cierto que hay elementos que, para los cuales, establecer un origen puramente neural hace difícil su verdadera comprensión.

¿En qué momento de la investigación estamos actualmente?

Para entender en qué momento nos encontramos se puede acudir al argumento del biólogo Rupert Sheldrake.

Sheldrake dice que es indiscutible que el cerebro está constituido por una estructura físico-química, pero todo esto no prueba que su función se reduzca únicamente a un sistema sináptico-neuronal. Sheldrake pone una analogía con un radio transistor:

Imagínese que alguien que no sabe nada sobre aparatos de radio ve uno y se queda encantado con la música que sale de él, y trata de entender el aparato. Puede pensar que la música procede totalmente del interior del aparato, como resultado de complejas interacciones de sus elementos. Si alguien le sugiere que realmente viene de fuera, a través de una transmisión desde algún otro lugar, podría rechazarlo argumentando que él no ve entrar nada en el aparato. Tampoco podría medir nada, porque la radio pesa lo mismo encendida que apagada. Y aunque por ahora no entienda, podría pensar que algún día, después de mucho investigar las propiedades y funciones de todas las piezas, logrará entender su secreto. Cuando ese día llegue, no sabrá nada de las ondas de radio, pero pensará que ha entendido el aparato, incluso podrá ponerse a demostrar que lo ha entendido: las piezas son cristales de silicio, hilos de cobre y demás. Conseguirá esas piezas y hará una réplica del transistor por la que salga la misma música. Entonces afirmará: "Ya he comprendido perfectamente esta cosa; he sintetizado un aparato idéntico a partir de sus mismos elementos". Pero ya se ve que el ingenuo imitador no ha comprendido cómo funciona el transistor. Aunque hubiera sido capaz de construir el aparato, aún no sabría nada sobre ondas de radio, y mucho menos sobre música.

Por tanto, aunque se conocieran con certeza el número de neuronas, las diversas sinapsis, neurotransmisores, receptores, las áreas funcionales cerebrales, etc., e incluso se construyan potentes ordenadores que imiten la inteligencia del hombre con sus diversas vertientes o se establezcan conexiones cerebro-máquina, no conocemos todos los aspectos que nos permiten comprender totalmente el funcionamiento global del cerebro. Únicamente desde el sistema neuronal no es comprensible la realización de una serie de funciones que posee el ser humano. Así pues, aún queda mucho trabajo por hacer.

Buscando otra nueva hipótesis

Como se ha dicho anteriormente, la conciencia es uno de los temas más complejos en el estudio de la fisiología cerebral. A pesar de las diferentes teorías que se han expuesto, por el momento, no se han logrado explicar los mecanismos neuronales precisos que tienen lugar en el proceso de la conciencia. Es un hecho comprobable que existe un sustrato anatómico y neurobiológico para su desarrollo, lo cual viene avalado por el hecho de que lesiones encefálicas como traumatismos craneoencefálicos, hemorragias, infartos cerebrales, tumores o tóxicos pueden dar lugar a un trastorno de la conciencia por afectación de las estructuras neuronales y/o de la función neuroquímica. Sin embargo, aunque es necesaria la concurrencia del tejido nervioso en la elaboración de la conciencia, hay autores cuya opinión pone de relieve que esta actividad no puede reducirse únicamente a la función neuronal.

Como se ha dicho anteriormente con respecto a la conciencia, la percepción del tiempo es intemporal y no física. Esto induce a pensar que hay un componente de inorganicidad en el proceso de la conciencia, de hecho, Eccles se oponía a cualquier intento científico por reducir la conciencia a la actividad neuronal.

El conocimiento es una actividad inmanente, en la que una cosa solo es cognoscible en razón de su forma, principio distinto de la materia, y conociendo su forma se conoce su naturaleza o esencia. Cuando conocemos un objeto no lo introducimos en el cerebro a través de los ojos, puesto que lo destruiríamos, por lo tanto conocemos la cosa desmaterializada. Por ejemplo, la figura de una manzana, que varias personas ven (sujetos cognoscentes), está presente en estos sujetos no como algo materialmente poseído y que, por tanto, la configure de manera física, sino como figura de la manzana, como forma ajena. Consecuentemente, el conocimiento es la operación por la que en un ser se hace presente la forma de otro, de un modo inmaterial. Por tanto, en el conocimiento la posesión del objeto no es físico-molecular. Si vemos una cosa poseemos su color, su tamaño, su figura, pero no poseemos su realidad material. Captamos sus cualidades y sus formalidades, pero sin la materia que la compone, es decir, en el cerebro carece de una configuración física. Para las cosas ser o no ser conocidas nos les añade ni les quita nada, no las afecta. En cambio, quien conoce sabe algo que antes ignoraba. El conocimiento en sí mismo no es un fenómeno físico aunque dependa de condiciones físicas concretas.

Conocimiento e intelección

En resumen, el conocimiento tiene su origen en la experiencia sensible, en esta etapa se conoce por medio de la experiencia. Con la abstracción comienza el conocimiento intelectual humano. Por tanto, desde la imagen percibida por la acción del intelecto se forma el concepto. Mediante el concepto elaborado, el individuo reproduce la diversidad de cosas, conservando la esencia de lo conocido y no dejándose guiar por el tamaño, forma, color, etc. La inteligencia no es la que retiene las imágenes a diferencia de los sentidos. La inteligencia articula y establece el concepto por la abstracción. El acto de entender un objeto no es imaginárselo, sino que desde la imagen se abstrae lo esencial y se elabora el concepto y esta acción carece de átomos. Un concepto no está formado físicamente en el cerebro. Esto hace comprensible que entre el conocer y lo conocido no haya tiempo, sino simultaneidad, se trata de un acto que, desde el principio, ya ha alcanzado su fin.

La inteligencia es operativamente infinita; no hay un último objeto que sature la inteligencia humana, de tal modo que no se pueda pensar más allá de él. Por ese motivo la inteligencia es una facultad que implica inorganicidad. Si no fuera así, ¿cómo sería posible que teniendo un número finito de neuronas fuéramos capaces de tales operaciones? o incluso ¿cómo podríamos pensar en conceptos como infinito o eterno? Por consiguiente parece razonable que la inteligencia sea una potencia inorgánica, y, por tanto, su acto no puede estar constituido por una actividad sináptica neuronal.

Otro punto a considerar muy brevemente hace referencia a la reflexión.

Podemos conocer o entender nuestros actos de conocimiento, es decir, podemos reflexionar. En la reflexión el entendimiento se entiende a sí mismo. Mentalmente podemos ejercer la reflexión, en la cual un ser se vuelve sobre sí mismo y se conoce a sí mismo, esto no consiste en examinar un problema o reflexionar sobre algo, sino en reflexionar sobre sí, o sea, puede decirse que conozco que conozco que conozco (repetición intencionada que indica esta capacidad). Cuando un sujeto entiende una cosa, entiende que entiende esa cosa y al mismo tiempo entiende todo este proceso. El cerebro no puede volverse sobre sí mismo, dado que dos partes físicas no pueden coincidir en virtud de la impenetrabilidad de la materia. Para que un sujeto pudiera tocar su tacto, sería necesario no que una mano tocase a la otra, sino que la mano penetrase en sí misma, cosa imposible. Por tanto, las neuronas no pueden reflexionar sobre sí mismas.

Leonardo Polo afirma que:

En la reflexión, el acto de pensar versa sobre el acto de pensar y ninguna cosa se vuelve sobre sí misma de manera que siga siendo en ese volverse.

La percepción es un proceso cerebral procedente de nuestros sentidos principales, es decir: vista, tacto, olfato, gusto y oído. Es el primer proceso cognitivo, a través del cual los sujetos captan información del entorno. La percepción se inicia en unos receptores que en el gusto se localizan en la lengua, en el tacto se localizan en la piel y en el olfato en el epitelio olfativo de la nariz. La vista y el oído tienen unos órganos propios como son el ojo y el oído.

Estas estructuras son capaces de recibir estímulos, táctiles, olorosos, gustativos, lumínicos y sonoros, los cuales dan lugar a unos impulsos nerviosos que terminan en la corteza cerebral. Las principales áreas corticales gustativas se encuentran en el lóbulo de la ínsula y el opérculo frontal adyacente. La corteza cerebral visual del lóbulo occipital está formada por un número de áreas que se ocupan de los distintos aspectos tales como las formas, el color, el movimiento, la distancia, etc. Sus células se distribuyen en columnas y se sitúan en la corteza cerebral occipital. La audición se procesa en la corteza del lóbulo temporal. Las sensaciones tales como el tacto, presión, temperatura y dolor llegan a la corteza cerebral del lóbulo parietal. (Vid. Figura 10). A nivel de la corteza cerebral implicada tienen lugar los procesos de formación de transducción, codificación, procesamiento, integración y de enlace entre el sistema sensorio-motor y los fenómenos cognitivos.

La percepción tiene lugar en las áreas corticales cerebrales que se han mencionado. No obstante, todavía no se ha podido explicar cómo es posible tener la experiencia subjetiva del sabor, color o dolor. No cabe duda de que las redes neuronales son imprescindibles para la experiencia subjetiva de la percepción; por ejemplo, es del todo conocido que una lesión cortical occipital puede alterarnos el campo visual, pero el interrogante es cómo pasamos de los cambios iónicos y de los circuitos sinápticos a la posibilidad de ver tridimensionalmente, de distinguir los colores, el movimiento, etc. No estamos hablando de que si existe una alteración estructural de la retina no se perciben ciertos colores, sino de la esencia de la percepción, es decir, de la percepción como tal. Lo mismo ocurre con la audición. Desde luego que el sistema es complejísimo y que la arquitectura neuronal es fundamental para oír determinadas frecuencias de sonido y distinguir la música. La clave de la cuestión es la experiencia subjetiva del sonido. La pregunta es: ¿qué es lo que hace que desde las redes neuronales corticales el "yo" oiga, vea o sienta?

En el movimiento voluntario intervienen diferentes partes del sistema nervioso. En la motricidad voluntaria existe una acción que consiste principalmente en una decisión de la voluntad, con una programación del acto motor y la ejecución del mismo. Para que ocurra un movimiento voluntario debe iniciarse la idea de moverse y la decisión volitiva de hacerlo. Cuando la actividad cortical se desplaza al área motora de la corteza cerebral, se produce la orden ejecutiva para que finalmente a través de la vía piramidal, que pasa por la médula espinal, y de los nervios periféricos se produzca la contracción muscular. La lesión de la corteza cerebral y/o de las fibras nerviosas cerebrales implicadas en los movimientos voluntarios da lugar a una pérdida de fuerza muscular. Cuando esto ocurre, y si el paciente está consciente, aunque quiera mover las extremidades paralizadas le será imposible dado que las neuronas que inician el impulso nervioso están dañadas o bien el impulso nervioso no tiene continuidad por afectación de los axones de las neuronas.

La estimulación eléctrica cerebral puede producir movimientos en pacientes despiertos que tienen que ser intervenidos del cerebro, con el objetivo de no dañar zonas normales de la corteza cerebral. Por tanto, esta estimulación es capaz de activar e influir sobre los mecanismos cerebrales que intervienen en el movimiento voluntario.

¿Existe algún núcleo nervioso cerebral que sea el responsable de la voluntad del ser humano? Wilder Penfield aplicaba electrodos en diversas localizaciones cerebrales a pacientes que tenían que ser intervenidos y estaban conscientes. Un paciente movió el brazo cuando se estimuló el área cortical motora. Al preguntarle si había tenido voluntad de mover el brazo, respondió que él no había sido, sino que era el doctor quien se lo había hecho mover. Penfield estimulaba las neuronas responsables del movimiento, pero estas neuronas no eran las causantes de la voluntad del movimiento. Penfield buscó algún centro cerebral que al ser estimulado creara la voluntad de mover el brazo; jamás lo pudo encontrar.

¿La neurociencia actual está en condiciones de dar una respuesta completa a la presencia de la libertad en el ser humano? ¿La libertad es exclusivamente neurobiológica? La libertad es la característica nuclear del ser personal, de su coexistir. La libertad es una propiedad de la voluntad, capaz de elegir guiada por la razón. Elección, señorío y poder efectivo son muestras de la libertad humana. Se puede hablar de libertad de acción cuando no existen obstáculos que impidan al sujeto realizar sus designios. Soy libre, en este caso, si puedo meterme en un comercio para comprar lo que quiero sin que nadie me lo impida. Además de la libertad de acción, existe también la denominada libertad de querer o libre albedrío, es decir, alguien es libre cuando las decisiones que toma son realmente suyas.

Hay quien afirma que ninguno de los actos de nuestra voluntad es libre, sino necesariamente preestablecido. Nuestra libertad no es más que el resultado de un fenómeno fisiológico del sistema nervioso. Están de acuerdo con el denominado determinismo, el cual declara ilusorias nuestras percepciones espontáneas e intuitivas de que somos libres en nuestras acciones y en nuestra vida. La creencia en la libertad es simplemente una ceguera ante la realidad. El llamado "neurodeterminismo" lleva hasta sus últimos extremos la tesis de que todo el pensamiento y la voluntad del ser humano dependen de la arquitectura y de las correlaciones neurobiológicas de nuestro sistema nervioso. Según la cosmovisión del determinismo físico (según el cual todo fenómeno está prefijado de una manera necesaria por las circunstancias o condiciones en que se produce, y, por consiguiente, ninguno de los actos de nuestra voluntad es libre, sino necesariamente preestablecido), la investigación neuro-científica mostraría que estas características son una ilusión, ya que los procesos neuroquímicos implicados en las funciones cerebrales que están en la base de nuestras acciones están determinados anteriormente de manera causal. Existen otros tipos de determinismo como el psicológico, el cual sostiene que la voluntad decisoria del sujeto depende de factores sobre los que no posee un control suficiente para ser responsable de las decisiones que toma; estos factores podrían ser la educación, el carácter o la personalidad del sujeto. Se podría mencionar también en este contexto el determinismo cultural, que viene a decir que son la cultura y el ambiente donde se desarrolla el ser humano los que determinan quiénes somos en el plano emocional y en nuestra conducta.

Uno de los experimentos que más han influido en la visión "neurodeterminista" fue el que realizó Benjamin Libet. Puso de relieve que existen unos potenciales corticales de preparación o ⊠anticipatorios" en la denominada corteza motora secundaria que preceden en aproximadamente 350 milisegundos a la acción consciente de realizar un movimiento voluntario. De ahí parecía desprenderse que, en realidad, son procesos neuronales inconscientes los que causan los actos volitivos «aparentemente» voluntarios. La preciada y exaltada libertad humana podría ser simplemente un mero espejismo "neurobiológico".

En estos experimentos se presupone que la libertad está determinada por unos procesos neurales que se corresponden con estados mentales de forma causal directa. Pero nosotros nos sentimos dueños de nuestros actos, en los que actuamos como personas. La libertad no se puede asignar, por lo tanto, a un estado mental determinado, sino a la persona en su totalidad. Otros autores también plantean que posiblemente exista una red de áreas corticales asociativas que preparan las decisiones que se pueden producir antes de que estas sean conscientes. Esto sería una prueba de que nuestras decisiones están predeterminadas antes de hacerse conscientes.

También se ha señalado al sistema límbico como uno de los grandes puntos nodales que nos capacitarían para explicar neurobiológicamente la libertad. El cerebro utiliza el sistema límbico como un gran molde unificador de una información nerviosa muy variada. No podemos afirmar que sea el sistema límbico únicamente el que controla nuestra conducta ni que la experiencia sensible es la única fuente de las acciones humanas. Con ella, es cierto, podemos obtener muchos datos, pero es imposible que nos ofrezca otros aspectos de la máxima importancia, pues, como muy bien señala Rodríguez Duplá:

La rectitud o la fealdad, la bondad o la vileza
no las capta la vista ni el oído ni el tacto.

La descripción de trastornos de la conducta moral en pacientes con lesiones cerebrales explica el surgimiento de la neurociencia de la moral, cuyo objetivo es dilucidar los mecanismos neuronales y cognitivos del comportamiento ético. El análisis de las bases neurobiológicas de la moralidad se realiza mediante exámenes neuropsicológicos que abordan las alteraciones de las conductas éticas en pacientes con patología cerebral y mediante estudios que, utilizando resonancia magnética funcional, muestran las regiones cerebrales activadas durante la realización de tareas experimentales que involucran las capacidades morales. Estos estudios revelan que la corteza prefrontal y sus múltiples conexiones con el sistema límbico, el tálamo y el tronco cerebral constituyen las estructuras nerviosas a las que se atribuyen las normas complejas y los valores morales.

Dicho lo anterior es preciso considerar que aceptar que somos exclusivamente nuestro sistema nervioso pone en entredicho la experiencia de que somos libres y compromete seriamente la conciencia de nuestra responsabilidad. Por tanto, aunque el ejercicio de la libertad humana precisa del adecuado funcionamiento de nuestra constitución cerebral, esto no excluye el componente de inorganicidad que supone conocer y decidir. Esto invita a pensar que comprender el entrelazamiento de la libertad y la configuración biológica del hombre exige una aproximación diferente.

El objeto de la imaginación es la imagen sensible. Imaginar una cosa, como puede ser un libro, no supone la incorporación estructural del libro en el cerebro, la imagen del libro que se ha elaborado en nuestra mente no está formada por los átomos que constituyen las páginas de papel y la tinta de las letras. Este objeto que imaginamos no está materialmente en el cerebro: no ocupa volumen ni tiene peso. El acto imaginativo supera las condiciones de lo material porque no recae inmediatamente sobre las cosas sino sobre la imagen de ellas. ¿Cómo es posible tener experiencia subjetiva de esta representación?

La hipótesis del Elemento α

Según se ha expuesto en el epígrafe anterior, se pone de relieve que en los procesos mentales hay un componente neuronal y otro que no puede definirse como una estructura físico-molecular. La conciencia, el conocimiento, la percepción, la imaginación y la libertad son aspectos que por una parte necesitan el tejido cerebral para su elaboración y expresión, pero por otra parte hay un componente que no es físico. Sin embargo, el intelecto, la reflexión, la experiencia subjetiva de la percepción y de la imaginación, y la voluntad son aspectos que propiamente e intrínsecamente no son físicos. Sus acciones, en sí mismas, no pueden desarrollarse a base de interacciones neuronales. Otra cosa es que para ejercer estas potencias se requieran los fenómenos cerebrales estructurales y funcionantes, pero como algo extrínseco, no intrínseco. Así, el intelecto en su propio acto de entender no requiere organicidad. La reflexión no puede llevarse a cabo, como se ha mencionado, con un elemento material. La experiencia subjetiva de los sentidos no obedece en última instancia a una red neuronal. La voluntad no es un ente físico e interacciona con algunas de las redes neuronales. (Vid. Tablas 3 y 4).

	Sustrato neuronal	*Componente no físico-molecular*
CONCIENCIA	SÍ	SÍ
CONOCIMIENTO	SÍ	SÍ
PERCEPCIÓN	SÍ	SÍ
IMAGINACIÓN	SÍ	SÍ
LIBERTAD	SÍ	SÍ
MEMORIA	SÍ	SÍ

3. Procesos que requieren sustrato neuronal y componente no físico

Componente intrínseco no físico-molecular
INTELECTO
REFLEXIÓN
VOLUNTAD
EXPERIENCIA SUBJETIVA DE LA PERCEPCIÓN E IMAGINACIÓN

4. Procesos con un componente intrínseco no físico

Hay que manifestar que la conexión entre el cerebro y los actos mentales no es meramente externa, y no sería correcto, por tanto, plantearla en los términos de quién mueve o acciona a quién y cuál es el punto de sutura entre ambos. Es cierto que la neurociencia basada en estudiar las regiones cerebrales, los circuitos neuronales y las moléculas nos ha conducido por un largo camino. Este, sin embargo, no basta para explicar el funcionamiento del cerebro, un procesador de información tal vez sin par en el universo. Creo que se debe ensamblar lo que se ha diseccionado para que el funcionamiento cerebral tenga sentido. Para ello, se necesita un nuevo paradigma que combine análisis y síntesis.

Se debería observar el cerebro, no únicamente como una interconexión compleja de neuronas, sino como una articulación sistémica, en la que hay algo más, de lo cual no conocemos su naturaleza, pero que podemos deducir a tenor de nuestras experiencias mentales y cognitivas a las que hemos hecho referencia. Debe existir algún elemento capaz de proporcionar una explicación plausible de cómo funciona nuestro cerebro en su conjunto y de manera unitaria.

Cuando Roentgen descubrió los rayos X en 1895, no lo hizo porque los visualizara, dado que son invisibles, sino porque evidenció unos efectos o capacidades de estas ondas electromagnéticas.

Por consiguiente, se podría formular una hipótesis que no sería de carácter mecanicista dualista y consistiría en considerar la presencia de un elemento, que de manera similar a los rayos X no estaría compuesto de átomos, al que se podría denominar α. (La hipótesis del Elemento alfa ha sido publicada por Amadeo Muntané Sánchez en "neuronas y valo-res" Revista de Neurología, 2014; 58(1):48. En este trabajo se ha desarrollado el concepto). El elemento α (E α), todavía no identificado con el método ex-perimental, sería un elemento integrado unitaria y funcionalmente al soporte neuronal y viceversa, de manera que la función resultante sería un acto único y no dos actos correlacionados; por tanto, lo propio de esta funcionalidad sería la unificación de la acti-vidad neuroquímica cerebral y lo mental de modo consciente o inconsciente mediante la transmisión de una información sofisticada y altamente proce-sada, de naturaleza desconocida, que subyacería a la acción volitiva, a la percepción y a la abstracción más intensa que requiere el pensamiento humano. Esta unificación haría posible la cognición, las emociones, así como la toma de decisiones en las ejecuciones que se realiza en la conducta moral mediante lo que le es propio: reprocesar alternativas y elegir la óptima.

Según esta perspectiva, lo pensado no se relacio-naría únicamente con la fenomenología molecular cerebral, es decir, con el impulso nervioso y libera-ción de neurotransmisores en las sinapsis de millones de neuronas.

Visto así, el cerebro sería una unidad sistémica y funcional entre las redes neuronales y el E α forman-do un complejo que actuaría al unísono y de manera global e integral.

El funcionamiento de esta unidad sistémica ten-dría lugar mediante un trasiego de información sincrónica bidireccional y unificada desde la actividad neuronal al elemento α y viceversa que por una parte dependería de las neuronas y la sinapsis, la estructura molecular de los neurotransmisores, su concentración, el movimiento molecular, el campo magnético que establecen, la actividad eléctrica, los receptores y el medio celular en general, y por otra parte, de la propia naturaleza (desconocida) del E α. Este tipo de información compleja comprendería una codificación y descodificación permanente y sincrónica de neuronas-E α y viceversa. Este trasiego permanente de información que podemos denominarlo I sería el que nos permitiría la conciencia en la corteza cerebral, y por tanto tener el conocimiento de nuestra propia existencia, de nuestro estado, de nuestras percepciones y de nuestros actos; nos permitiría, en definitiva, elaborar los fenómenos mentales y la cognición.

En la naturaleza intrínseca del E α residiría propiamente el intelecto, la voluntad, la posibilidad de reflexión y la experiencia subjetiva de la percepción y de la imaginación, aunque I sería imprescindible para que todo esto se expresara en el sujeto. El componente no físico-molecular de la conciencia, del conocimiento, percepción, imaginación, libertad y memoria se debería al E α.

La voluntad y el intelecto son propiedades que de alguna manera están relacionadas. El intelecto hace razonamientos sobre la conveniencia o no de una determinada posibilidad y la voluntad actúa en consecuencia. La voluntad tiene un vínculo a través de la información I en las áreas motoras, por las cuales se ejerce el movimiento voluntario, en las áreas del lenguaje y sobre el sistema límbico.

En la memoria interviene la diversidad de conocimientos que se adquieren y son almacenados en el cerebro. Es conocido que en este fenómeno, relacionado también con el aprendizaje, se forman nuevas conexiones sinápticas dentro de las redes. Esta conservación de la información se llevaría a cabo no solo dependiendo de la estructura neuronal-sináptica sino también del E α, y por consiguiente de la información I.

Todos nosotros somos conscientes de ser un yo personal. Somos conscientes de la identidad del yo incluso en los períodos de sueño. Una señal de esta conciencia del yo consiste en percibir nuestra responsabilidad moral en las acciones que realizamos. En la elaboración del yo hay que reconocer la necesidad de una base biológica y de la presencia de las influencias y experiencias sociales tanto las que llegan a través de nuestros sentidos como las que hemos almacenado en nuestra memoria. El yo está en relación con los pensamientos y acciones, por consiguiente está vinculado a la actividad cerebral, sin embargo no existe ningún lugar en el cerebro en el que pueda localizarse en concreto. Considerando la hipótesis del E α, cuyas operaciones intrínsecas son el intelecto y la voluntad, también el yo formaría parte de ese núcleo, cuya expresión necesitaría la consciencia a partir de la información I.

¿Qué es lo que hace que experimentemos la belleza de la música o del arte en general? La música no es solamente el conjunto de sonidos que emite un grupo de instrumentos. En estos sonidos hay una organización coherente y unos silencios que nos dan los parámetros fundamentales de la música, como son la melodía, la armonía y el ritmo. Este hecho hace que la percepción subjetiva pueda ser agradable e incluso se produzca un disfrute al escuchar la orquesta. Esto es así porque la belleza está relacionada con el placer. Contemplar una pintura o una foto implica un placer en su contemplación cuando percibimos su belleza. Sin embargo es del todo sabido que lo que para unos puede ser bello y sublime, para otros no lo es. Por consiguiente podemos decir que la belleza no es una cualidad física, sino que es una cualidad subjetiva, apreciada por el sujeto a quien se le transmite a través de sus sentidos y que se dirige al intelecto, propiedad intrínseca del $E\,\alpha$.

El ambiente social y cultural, el aprendizaje y las vivencias de un sujeto influyen en la formación de sinapsis a nivel cerebral dada la plasticidad a la que hemos hecho referencia al principio del libro. Además, también es cierto que los genes son determinantes para la constitución de los patrones de interconexiones sinápticas entre las neuronas y para el funcionamiento de las mismas. Entonces los estímulos externos que actúan sobre las conexiones sinápticas, por continuidad tendrían una traducción en la información I y por tanto la voluntad de un individuo puede verse influenciada por estos estímulos. Si alguien intenta aprender a tocar un instrumento musical seguramente se establecerán nuevas conexiones sinápticas pero la voluntad del individuo en querer aprender a tocar el instrumento desempeña un papel determinante. Siguiendo el concepto del E α, esa información I como explicación teórica que asimile estos aspectos en un solo acto funcional parece plausible.

Tenemos la certeza de la propia existencia. Es en la autoconciencia donde encontraremos el punto irrebatible. Que somos y conocemos que somos hace que establezcamos la certeza de la propia existencia. Del mismo modo que la inteligencia conoce las ideas y percibe los principios que deben regir la voluntad libre del individuo. El E α participaría en esa comprensión de la propia existencia. (Vid. Figura 30).

Una alteración del trasiego de información I podría tergiversar la codificación y descodificación bidireccional. Resumidamente, aquellas lesiones que afectasen topográficamente las áreas corticales concretas que anteriormente hemos mencionado producirían una disfunción de la información I, dando lugar a una serie de síntomas en el paciente. Así, en una apraxia habría una anomalía en la información I que impediría la activación del área cortical motora que tiene la capacidad de ejecutar tal destreza. Lo mismo ocurriría en el caso de una lesión que afectara a las áreas del lenguaje de la corteza cerebral dando lugar a una afasia. Por ejemplo, los fármacos que mejoran los delirios y las alucinaciones actuando a nivel de las sinapsis y neurotransmisores restablecerían parcial o totalmente la información I y por tanto favorecerían la remisión de estos síntomas. (Vid. Figura 31).

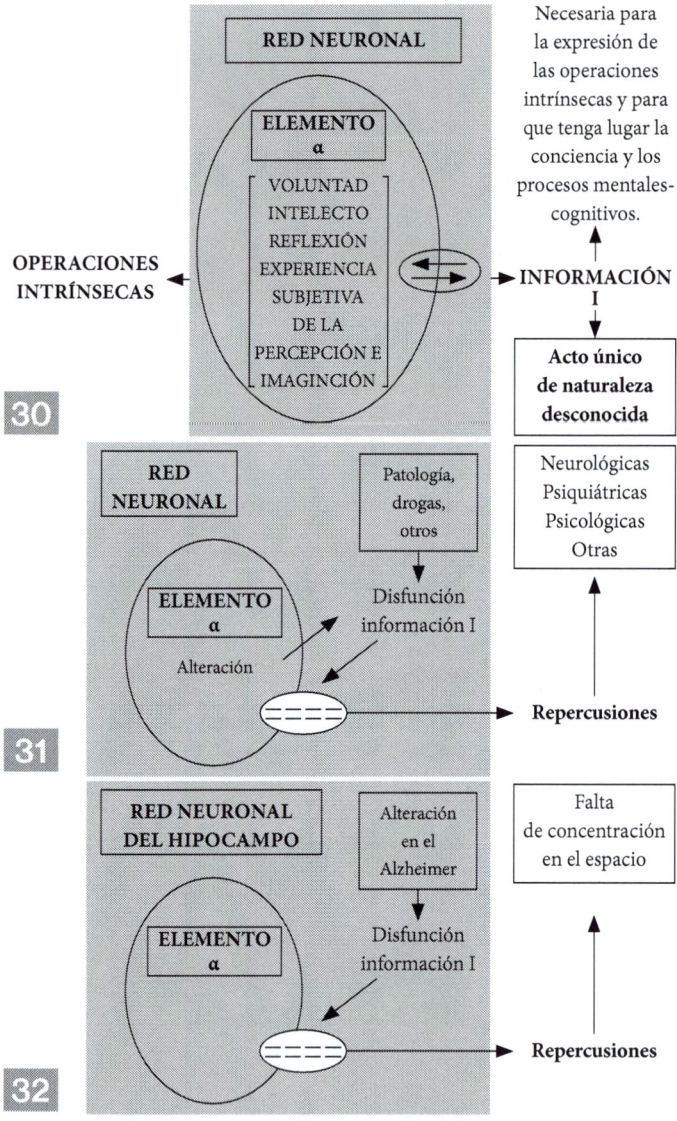

10. Elemento alfa. En el primer dibujo observamos un esquema de la función Red Neuronal-Elemento alfa. El segundo se trata de un esquema que representa las repercusiones que pueden existir ante una disfunción de la información I. Y en el tercero se muestra un esquema donde las alteraciones del hipocampo en la enfermedad de Alzheimer alterarían la información I para la orientación en el espacio

Conclusión

La confluencia de múltiples disciplinas sobre el mismo objeto de estudio, como es la relación entre la función cerebral y la actividad mental, ha creado un dominio científico particular: la neurociencia cognoscitiva. Una primera aproximación a los orígenes de la neurociencia cognoscitiva nos revela que esta surgió de una conceptualización nueva de la función cerebral propiciada por la confluencia de los descubrimientos e ideas de la psicología experimental, la neurofisiología, la neuropsicología y las ciencias cognoscitivas.

La psicología experimental propició el uso de métodos experimentales en psicología. En la década de 1940, la utilización en neurofisiología de técnicas para el registro de la actividad de células nerviosas individuales en animales supondría un paso importante para la convergencia entre la neurociencia y la psicología. Los neurofisiólogos comenzaron a explorar de qué manera un estímulo sensorial resultaba en una respuesta neuronal particular. Las ideas sobre el cerebro y la mente también deben mucho a la neuropsicología, una disciplina clínica, desde sus orígenes. El primer intento de relacionar sistemáticamente la topografía cerebral con las funciones psíquicas y mentales correspondió a la frenología. La frenología fue fundada por el médico alemán Franz Joseph Gall (1758-1828). Pretendía prever cómo era el carácter, la capacidad mental y la personalidad de las personas a través de la forma externa del cráneo. A pesar de sus grandes limitaciones metodológicas, abrió el camino para el estudio de la función cortical y postuló que el cerebro no era un órgano unitario indiferenciado. No obstante, el avance de la ciencia médica del cerebro en el siglo XX comenzó a reevaluar la frenología, haciéndole perder el prestigio del que gozaba, cayendo en desuso.

Si bien la neuropsicología inició el estudio de la localización de las funciones mentales, fue solo con el advenimiento de las ciencias cognoscitivas que se inició una búsqueda sistemática sobre la naturaleza de las representaciones implicadas en los actos perceptivos, cognoscitivos y motores y sus trasformaciones.

El rasgo más importante de la comprensión de la estructura del cerebro humano fue el método de mapear el cerebro a través de correlacionar la lesión con la disfunción. Esta forma de investigación llevó a la idea de que el cerebro era una especie de rompecabezas cuyas piezas representaban centros de funciones mentales, a la manera de lo propuesto por la frenología, aunque en el método anatómico-clínico se podía estudiar la función cerebral de manera más directa.

Alexander Luria introdujo el concepto de sistema funcional que básicamente proponía que las diferentes estructuras cerebrales, corticales y subcorticales apoyaban la función, pero que muchas de ellas podían participar en funciones diferentes. Así pues si un área es lesionada, otras áreas pueden sustituirla.

En 1989 Michael Gazzaniga propuso que el cerebro estaba organizado estructural y funcionalmente en unidades discretas o módulos que operan en paralelo y que interaccionan entre sí para producir las actividades mentales. De manera similar, también Jerry Fodor se interesó en las arquitecturas neurocognoscitivas y desarrolló una teoría compleja sobre la modularidad, aunque a una escala mayor.

La neurociencia cognoscitiva moderna ha sido ampliamente beneficiada por los grandes desarrollos tecnológicos. La neurociencia imagenológica y la neurofisiología moderna aportan tecnologías importantes que han propiciado un gran avance en la investigación neurocientífica.

Con respecto a la neuroimagenología ya se han realizado los comentarios oportunos al hablar de la TC, RM, RMf y PET en el epígrafe: *la alta tecnología en el estudio del cerebro*. Simplemente poner de relieve a modo de recordatorio que la RMf mide la respuesta neural dependiente del nivel de oxígeno en la sangre. En inglés se conoce como respuesta BOLD *(Blood Oxigen Level-Dependent)*. Permite la detección de fluctuaciones diminutas de deoxihemoglobina (consiste en la hemoglobina que no está unida al oxígeno) en el sistema nervioso central durante la realización de una tarea específica. Otras técnicas funcionales utilizan radiaciones procedentes de la trasformación de partículas radioactivas o radionucleidos, como la PET.

La neurofisiología es una disciplina con una larga tradición que comenzó en el siglo XVIII con los revolucionarios estudios de Galvani y otros investigadores sobre la conducción eléctrica del sistema nervioso. Las técnicas electrofisiológicas tienen que ver con el registro de patrones de actividad eléctrica neural. Así, dentro de los principales desarrollos de la neurofisiología está la electroencefalografía.

La espectroscopia por resonancia magnética mide la composición de ciertas sustancias en volúmenes variables con una resolución temporal de decenas de segundos.

La magnetoencefalografía (MEG) amplifica y registra el electromagnetismo propio del cerebro, permitiendo captar los campos magnéticos sin que estos sufran pérdidas al pasar a través de las estructuras intra y extracerebrales. La MEG permite estudiar la actividad cerebral, espontánea y evocada, y es de gran utilidad para mapear los fenómenos neuromagnéticos al permitir registro simultáneo en toda la superficie del cráneo.

Un uso combinado de las técnicas neuroimagenológicas y electrofisiológicas permite saber cuándo ocurren, dónde ocurren y cómo se integran los procesos cerebrales. Quizás sea esto lo que ha permitido afirmar a Llinás que empezamos a contar con la tecnología adecuada para estudiar la conciencia.

La relación entre el cerebro humano y la mente se ha convertido en una cuestión muy compleja de naturaleza multidisciplinaria. Lo que permiten las nuevas tecnologías es observar cosas que nunca antes había sido posible. Esto significa un salto cualitativo en el estudio experimental del cerebro. Así en neurología y psiquiatría, muchos de los estudios llevados a cabo son de naturaleza correlacional; es decir, relacionan las patologías y disfunciones observadas en la práctica clínica con patrones de imágenes o actividad electrofisiológica.

La neuropsicología cognoscitiva ha accedido a las técnicas modernas para investigar los efectos de estímulos complejos como música, sonidos, caras, escenas visuales con contenidos emocionales y procesos cognoscitivos tales como lenguaje, memoria y atención. Hay autores que han estudiado con RMf la participación emocional en el juicio moral. Otros han estudiado las bases neurales de la inteligencia general. Diferentes autores han identificado regiones cerebrales fuertemente interactivas a través de neuroimágenes. También se ha estudiado la conectividad de funcionamiento global en el cerebro humano.

En las nuevas formulaciones de la neurociencia cognoscitiva la idea de los módulos y las redes distribuidas está muy aceptada. Igualmente, el propósito de investigar cómo interactúan los módulos para originar las actividades mentales. El desarrollo de la MEG proveyó los medios para demostrar que la percepción está ligada por medio de actividad eléctrica comúnmente referida como un patrón de oscilación de alta frecuencia de 40 Hz. Esta tecnología se ha empleado como base para el desarrollo de modelos del funcionamiento cerebral y de la mente como un todo idéntico resultante de la afluencia de un contenido en un contexto. La MEG está creando así un punto de cambio en la comprensión de la función cognoscitiva al impulsar el concepto de integración temporal de información que se posibilita gracias a la sincronización eléctrica alrededor de los 40 Hz. La MEG ha permitido entender que la cognición en el cerebro se relaciona a través de comunicación inter-neural mediada por actividad eléctrica de amplio rango que implica a grupos de neuronas que oscilan en fase, permitiendo la ligazón conjunta de múltiples señales cerebrales, dispersas espacial y temporalmente, en un estado cerebral individual.

Sin descartar todo lo anterior en relación a las técnicas de neuroimagen y neurofisiológicas, cabe establecer interpretaciones de los hallazgos y de los resultados que se obtienen en las diferentes metodologías. De estas interpretaciones se han derivado hipótesis y predicciones que intentan explicar el funcionamiento cerebral.

La hipótesis del E α es evidente que debe ser apoyada o refutada a través de la experimentación o de la observación. Este proceso puede llevar años, y en muchos casos las hipótesis no se convierten en teorías al resultar dificultoso el conseguir suficiente evidencia. A pesar de que esta hipótesis intenta dar una explicación del funcionamiento global del cerebro humano, no es más que un bosquejo de la realidad cerebral. No cabe duda de que el sustrato nervioso resulta necesario y requiere la integración dinámica de múltiples áreas cerebrales para que se den los procesos mentales. Sin embargo, como se ha planteado, conocer qué regiones del cerebro y qué conexiones participan en estos procesos, considerando también la información de las diferentes tecnologías, no significa que se conozca absolutamente el funcionamiento del cerebro de manera plena y total. Este asalto de la neurociencia requiere posiblemente un estudio más profundo y complejo del que se está desarrollando hoy en día.

Capítulo 4

Corolario: tener un cerebro o ser un cerebro

Después de leer la exposición que se ha realizado en las tres partes precedentes, seguramente el lector haya llegado a la conclusión de que conocer y comprender el cerebro no es nada sencillo. Sin embargo, no es menos cierto que a pesar de esta dificultad hay muchas cosas que por lo menos han quedado clarificadas. ¿En qué sentido? Podemos preguntar a alguien: "Tú, ¿eres un cerebro o tienes un cerebro?". La pregunta que aparentemente parece inocente y sin importancia tiene su enjundia. Es diferente ser un cerebro o tener un cerebro. La mayoría contestan: "Tengo un cerebro" La mayor parte de la gente se resiste a quedar reducida a un "montón" de células y circuitos por más complejo que sea. Por ese motivo la hipótesis del elemento α, que define el cerebro como una unidad sistémica, no contradice la respuesta "tengo un cerebro". Los ejemplos son variados. Así, cuando comemos algo que nos gusta, por ejemplo un pastel de chocolate o unas galletas saladas, no decimos "a mi cerebro le gusta" sino que decimos me gusta el pastel o las galletas o lo que sea, "a mí me gusta". Anteponemos el "yo personal" al propio órgano. Qué duda cabe de que hay partes del cerebro que se relacionan con el placer que se siente al comer estos alimentos (núcleo accumbens, área tegmental, núcleo pálido, ínsula; (Vid. Figuras 3 y 4) en donde se encuentran neurotransmisores (como la dopamina).

Sin embargo la percepción subjetiva, es decir, el conocimiento de que uno sabe que es de su agrado aquello que come, se realiza en el ya mencionado elemento α mediante la información I. (Vid Figura 30). Normalmente, la persona se pone delante del propio cerebro, cada individuo se sabe "portador" del cerebro pero no que sea el cerebro mismo.

Un ejemplo nada trivial es el hecho de que a veces ante la inminencia de contestar un examen se nos quede la mente en blanco. Se trata de un súbito vacío mental. Es una mala jugada porque por más que se esfuerce el que tiene que hacer el examen no puede recordar absolutamente nada. Es una prueba palpable de que la voluntad de la persona quiere recordar. Algo que en condiciones normales es automático, en esta situación se transforma en una dificultad inaudita. Algo debe fallar en el cerebro para que esto ocurra. Aunque el sujeto quiere recordar no recuerda. Algunos científicos han estudiado este tema y han descubierto que podría estar relacionado con una hormona denominada corticosterona, la cual es liberada por el organismo en instantes de mayor ansiedad, temor o tensión. Esta hormona bloquearía circuitos neuronales que se encuentran por ejemplo en el hipocampo. (Vid. Figura 17), que ya sabemos que tiene gran importancia para recordar. Cuando el estudiante sale del examen comenta: "Me ha ido fatal, se me ha quedado la mente en blanco". A nadie se le ocurre decir: "El cerebro me ha fallado a nivel del hipocampo". "Yo quería recordar, tenía la voluntad de querer rellenar las preguntas del examen pero no he podido recuperar los archivos de mi memoria". Lo bueno es que posteriormente, cuando ha pasado la tensión, uno se acuerda de todo. Otro ejemplo a tener en cuenta es nuestro sentido de la orientación. La Academia Sueca otorgó el premio Nobel de medicina en 2014 al estadounidense John O'Keefe y al matrimonio noruego formado por May Britt Moser y Edvard I. Moser por sus descubrimientos de unas células nerviosas en el hipocampo que constituyen un sistema que nos posibilita la orientación en el espacio. Sería como un "GPS interno". Los estímulos que llegan a esta parte del cerebro desde la experiencia del mundo circundante a través de los sentidos influyen en la capacidad de orientación que puede tener un individuo. Estas experiencias espaciales influyen sobre la comprensión que se tiene de cada situación, y las referencias anteriores que se tengan del contexto y del ambiente. En este sentido la orientación que se pueda tener en un lugar concreto dependerá de estas células nerviosas del hipocampo y del elemento α, dado que la percepción y el entendimiento son operaciones intrínsecas de este elemento. Se puede dar el caso de que haya personas que tienen "mala orientación" y otras una orientación excelente, lo cual seguramente es debido a la propia constitución del individuo. En cualquier caso es el "yo personal" que se orienta mediante este "GPS interno" o no se orienta bien. En la enfermedad de Alzheimer existe una pérdida de neuronas del hipocampo, por ese motivo existiría una alteración en la información I y una falta de orientación en el espacio. (Vid Figura 32).

Siguiendo con este hilo conductor, el concepto de "tener un cerebro" no se pierde ni en el momento de dormir. En los sueños se sigue siendo ese "yo personal". Los sueños son una experiencia subjetiva donde se mezclan imágenes junto a sonidos y sensaciones, que puede llegar a ser tan real que llegue a confundir a la persona. Nos podemos despertar aterrados por un sueño o con vivencias gratificantes. De hecho los sueños se asemejarían a una especie de "psicosis transitoria", como si fueran reales para el que duerme pero que no lo son, serían como un delirio y alucinaciones que lógicamente al despertar, en el momento que el sujeto contacta con la realidad, finalizarían. Es evidente que no es lo mismo que una enfermedad psiquiátrica. Por ejemplo, en una psicosis como la esquizofrenia pueden existir delirios en los que el paciente cree que hay alguien o algo que lo está siguiendo o vigilando y le quiere causar daño. Puede llegar a sospechar que está siendo engañado por alguien. Puede tener alucinaciones y percibir voces que le hablan dentro de su cabeza o sentir olores extraños o incluso tener visiones irreales, incluso puede perder la capacidad de asociar ideas que cambian de un tema a otro sin conexión. Una persona psicótica puede incluso tener delirios místicos (experiencias de uniones con Dios) como manifestación de su enfermedad. Los delirios místicos se caracterizan por la naturaleza bizarra de las ideas de tipo religioso con una tendencia a un ascetismo extravagante y exagerado. En el estado delirante, la "voz de Dios" como alucinación no tarda en escucharse como mensajes y mandatos. Ahora bien, puede ocurrir que en condiciones normales ante una experiencia de este tipo exista una actividad cerebral que no sea patológica. Mario Beauregard observó a 15 carmelitas de clausura de entre 23 y 64 años, de las cuales ninguna padecía un trastorno psiquiátrico o neurológico, y les examinó el cerebro con una resonancia magnética funcional después de pedirles revivir una experiencia mística en el sentido de la unión con Dios. El estudio mostró que varias regiones cerebrales se activaban durante la experiencia. Si consideramos estas investigaciones, algunos interpretan que estos fenómenos arrancan de nuestro cerebro porque "somos un cerebro", sin embargo, también existe el planteamiento de que si "tenemos un cerebro" está preparado para abrir la puerta a una realidad trascendente. Hay una diferencia notable entre los delirios místicos y los fenómenos místicos que pueden tener personas virtuosas y devotas en las que la trayectoria de su vida se halla marcada por la trascendencia.

Conviene poner de relieve que los fenómenos místicos muestran rasgos comunes presentes en todas las religiones. Los más importantes son la inefabilidad y el carácter experiencial de lo vivido expresado en términos de encuentro, y que se refieren a acontecimientos en los que el sujeto ha intervenido en primera persona con su "yo personal". En todos los casos, el término de esa experiencia es una realidad superior al hombre, trascendente a su mundo pero al mismo tiempo presente en él. Aunque las semejanzas son muchas, existen también diferencias notables. Por ejemplo, en el hinduismo y el budismo la experiencia se vive en términos de relación impersonal e intemporal con la trascendencia, la cual se percibe como una unidad indiferenciada y se expresa con los símbolos de silencio o vacío. En las religiones como el judaísmo, cristianismo e islamismo, la experiencia se refiere al Dios personal que interviene en la vida de las personas.

Es importante matizar la diferencia entre una alucinación y una ilusión. Una ilusión es una falsa idea que tiene su origen en la interpretación errónea de una situación real. Por ejemplo, un sujeto puede estar paseando por un bosque de noche y percibir a lo lejos como un fantasma gigante. De entrada eso es lo que parece. Sin embargo, al ir acercándose progresivamente se va dando cuenta de que se trata de un árbol que al adoptar una figura determinada parece un fantasma. Por el contrario, una alucinación, que es una percepción patológica de objetos o acontecimientos, no puede ser valorada por el enfermo como algo que no es real. Para un paciente una alucinación es real y no se le puede convencer de lo contrario. El cerebro tiene una alteración que hace que la información I funcione mal y dé lugar a una situación perceptiva anormal.

Hay algunos autores que consideran que "somos un cerebro" y piensan que el cerebro no puede captar la realidad tal como es, incluso llegan a afirmar que la propia realidad es en el fondo una "fabricación del propio cerebro". Es cierto que no podemos percibir toda la realidad globalmente; por ejemplo, si tenemos delante de nosotros una taza, entendemos (conocemos) que es una taza, pero seguramente estamos viendo la parte anterior, la parte posterior no la vemos y no sabemos cómo es. Tenemos que darle la vuelta a la taza para saber cómo es por detrás. Pero eso no equivale a un engaño del cerebro. Muchas veces los recuerdos pueden ser más o menos borrosos y no recordar las cosas o los eventos de forma total y clara, pero eso no equivale a un engaño cerebral sino que nuestra memoria está diseñada de esta manera. Se han descrito efectos ópticos que pueden hacernos creer aspectos que en realidad no lo son, podríamos decir que estos efectos ópticos no son más que ilusiones, como ocurre con los ilusionistas que por su rapidez y destreza nos hacen creer cosas que no son. Si realmente viviéramos con el hecho de pensar que el cerebro está falseando la percepción que tenemos de la realidad, cuando un médico estuviera delante de un paciente con una enfermedad grave que además tuviera fiebre, podría pensar que eso no sería real y que sería un "proceso imaginativo" del propio cerebro. Actuar de esta manera podría dar lugar a una situación comprometida para el paciente y se le acabarían pidiendo al médico responsabilidades.

En condiciones normales, el cerebro (considerado como unidad sistémica según la hipótesis del elemento α) no nos engaña. Por eso ha sido posible generar los cálculos matemáticos de ingeniería para las construcciones de aviones, estaciones espaciales o incluso para la construcción de edificios. Y no solo eso, el control mental y de motricidad para chutar un balón y que vaya donde el jugador quiere precisa de unas características muy sofisticadas propias del cerebro. Por tanto, gracias a nuestra capacidad de raciocinio, hemos sido capaces de inventar diversos aparatos y objetos.

Pero para razonar y entender hemos de prestar atención. Atender o prestar atención consiste en focalizar selectivamente nuestra conciencia, filtrando y desechando información no deseada, de lo contrario nos distraeríamos. Por tanto atender exige, pues, un esfuerzo que precede a la acción. En la atención participan una red de conexiones corticales del cerebro y de núcleos nerviosos entrelazados, y lógicamente la voluntad del individuo como operación del elemento α. Uno presta atención cuando voluntariamente quiere hacerlo. En la enseñanza se le dice al alumno: "¿Quieres prestar atención?". Es fundamental el "quieres", porque quien no quiere no atiende.

Hay situaciones en las que a pesar de que no se presta atención existe una capacidad de comprender la relación sutil de causa y efecto en muchos sucesos, y esta relación está más allá de la comprensión del intelecto. Es lo que llamamos el "sexto sentido". El sexto sentido es una forma de percepción que se traduce en una intuición o premonición. Joshua Brown, de la Universidad de St. Louis, publicó que el sexto sentido se encuentra ubicado en la corteza cingulada anterior del cerebro. (Vid. Figura 26). En esta zona del cerebro se encuentra localizado un sistema de alarma que advierte a nivel inconsciente cuando alguna cosa no anda bien o que alguna de nuestras acciones puede tener efectos nefastos. Se trata de un circuito que da informaciones para ajustar el rumbo de nuestros comportamientos y hacer que nos pongamos a resguardo de los peligros. Aunque este aspecto se relaciona con esta zona del cerebro conviene recordar que, al ser una percepción subjetiva, el elemento α desempeña un papel fundamental, tal como se ha expuesto al desarrollar esta hipótesis.

Podemos plantearnos la pregunta de que cuando nos enamoramos lo hace 2nuestro cerebro o nosotros que tenemos un cerebro". Normalmente, cuando alguien se enamora y lo dice, afirma "estoy enamorado", sabemos si estamos en esta situación. Percibimos subjetivamente esta pasión de enamoramiento y voluntariamente aceptamos. Ahora bien, no cabe duda de que en el cerebro se producen cambios que repercuten en el comportamiento del enamorado. El enamoramiento está asociado a la actividad de distintos neurotransmisores y también a núcleos nerviosos que anteriormente se han mencionado. Son partes del cerebro que se activan cuando una persona se encuentra enamorada. El neurotransmisor más importante es la dopamina y las partes del cerebro relacionadas son el núcleo accumbens, el cíngulo anterior y el área tegmental. (Vid. Figuras 4 y 26). La persona enamorada tiene una concentración elevada de dopamina, la cual produce euforia, aumento de energía, así como una motivación inquebrantable y una conducta orientada hacia un objetivo de respuestas emocionales típicas de la etapa de enamoramiento. Otro neurotransmisor a considerar es la norepinefrina, que está relacionada con una gran hiperactividad, insomnio, pérdida de apetito, temblor, taquicardia y ansiedad, las cuales son respuestas físicas típicas de esta etapa. Hay otro neurotransmisor denominado serotonina que disminuye, lo cual da lugar a una característica importante del enamoramiento y es el pensamiento obsesivo hacia la persona amada, por lo cual no es raro que los amantes pasen gran cantidad de tiempo pensando en la persona de quien están enamorados.

El hecho de que muchas personas afirmen "tener un cerebro" no impide que por decisión personal y considerando las circunstancias sociales se realicen acciones que puedan dañar las neuronas. Por ejemplo, puede ocurrir con la ingesta de drogas para conseguir un estado de gozo que se quiere y desea repetir. Puede más conseguir este objetivo que pararse a pensar que estas drogas alteran los circuitos nerviosos dando lugar a alteraciones del comportamiento y hasta de las funciones cognitivas. Lo que de entrada parece una acción de la voluntad, posteriormente ya no tiene las condiciones óptimas para invertir el proceso. Se entraría entonces en la adicción a las drogas, es decir, un conjunto de trastornos psíquicos caracterizados por una necesidad compulsiva de consumo de drogas que progresivamente invade todas las esferas de la vida del individuo, como la familia, las relaciones sociales y el trabajo.

Uno de los aspectos conductuales que cabe mencionar en relación al uso de las drogas es la agresividad. Volkow explica cómo la cocaína estimula el núcleo amigdalino (o amígdala) (Vid. Figura 17), relacionado con las emociones de rabia y los comportamientos agresivos. La sobreestimulación de este núcleo provocará reacciones violentas en la persona consumidora. El profesor José Manuel Rodríguez Delgado hizo un experimento que le dio fama mundial. Este experimento tuvo lugar en una pequeña plaza de toros de Córdoba frente a una docena de testigos. El profesor José Manuel Rodríguez Delgado se colocaba delante del toro, lo citaba con el capote y conseguía que se detuviera un instante antes de la embestida. ¿El truco? El animal era incapaz de continuar con su movimiento de agresividad porque el profesor había colocado previamente un radiotransmisor en su cerebro. Con un simple mando a distancia, el científico era capaz de controlar sus movimientos. El profesor Rodríguez Delgado desarrolló un sistema de electrodos que, implantados en el cerebro de monos y gatos, le permitían mover sus extremidades a su antojo o provocarles distintas sensaciones. Su máximo interés estaba en influir en los estados de ánimo de los sujetos, aplacar o inducir sus estados de cólera.

Existen muchas situaciones que pueden constituir importantes fuentes de agresión. Los agravios comparativos en materia de justicia social que sean exasperantes, los insultos y calumnias, el rencor hacia alguien concreto.

Anteriormente hemos hablado del sistema límbico (Vid. Figura 17) como una serie de elementos que se relaciona con las emociones humanas. La amígdala es una de las partes de este sistema que se ha revelado como la más importante de las estructuras en el control de la agresividad. Cuando inspeccionamos el entorno y nos apercibimos de la existencia de peligro y, cuando este se presenta, la amígdala, mediante neurotransmisores, inicia los procesos de secreción de hormonas que nos ayudan a enfrentarnos físicamente al peligro con eficacia. Los neurotransmisores que se relacionan con este fenómeno son la serotonina, la noradrenalina, la dopamina, la acetilcolina, y el GABA (ácido gamma aminobutírico). Las hormonas que tienen una acción en estas situaciones son los andrógenos (hormonas sexuales masculinas) y la corticosterona (hormona que se segrega en situación de estrés).

Si por ejemplo un conductor negligente nos abolla el coche al chocarnos por detrás, promueve una cólera irresistible y puede desencadenar una acción agresiva. La percepción del accidente y pensar que nuestro coche está recién comprado producen una estimulación en la amígdala con la consecuente activación de la reacción de agresividad o violencia. Nuestra voluntad y racionalidad (elemento alfa) nos proporciona el antídoto (razonar que con la agresividad no se consigue nada y por tanto con la voluntad controlar estos accesos) contra la violencia pudiendo impedir las explosiones de cólera, que dependiendo de las circunstancias pueden fallar.

La mayoría de los pacientes con una psicosis no son violentos, sin embargo existe una sensibilización especial hacia los actos agresivos producidos por personas que presentan una enfermedad mental. El hecho de que la violencia en los pacientes psicóticos pueda ser arbitraria, imprevisible, extraña y sin aparente sentido puede generar angustia y por tanto dar lugar a una actitud de cautela y recelo hacia estos pacientes. La presencia de delirios en los que el paciente se siente amenazado o dañado, y de alucinaciones mandatorias, pueden predecir la aparición de violencia por la propia estimulación de la amígdala. Los pacientes con menor conciencia de enfermedad tienen una menor adherencia terapéutica y rechazo de la medicación prescrita, lo que conduce a presentar mayor número de recaídas por intensificación de los síntomas psicopatológicos, que podría traducirse en mayor riesgo de conductas violentas. Muchos pacientes con demencia se vuelven agresivos y uno de los vectores que influyen en una conducta de estas características es el dolor.

Hablar del dolor es complejo y puede ser un tema exhaustivo, porque el dolor impregna la existencia humana. El sufrimiento nos acompaña desde que nacemos hasta que morimos. Está siempre allí, a nuestro lado. El dolor físico es siempre algo que nos embarga y que se apodera de nosotros, y lo queremos evitar. Es algo que limita. Es como una posesión. El dolor nos roba la atención. Es el "yo personal" que percibe el dolor de una parte del cuerpo. El sufrimiento es siempre estrictamente individual. Digamos que forma parte de nuestra personalidad. El sufrimiento es exclusivamente nuestro: "Yo tengo dolor". La percepción del dolor, según la hipótesis del elemento α, tendría lugar como última instancia en este elemento mediante la participación de la información I. (Vid. Figura 33).

El dolor en muchas ocasiones es un signo de alarma que traduce la presencia de una patología, o bien una forma de defensa para evitar una lesión mayor. Un dolor abdominal puede ser debido a una apendicitis, y por tanto induce a acudir al médico. Si una persona está en una mala postura llega un momento que se produce un malestar y debe cambiar esa postura. Si no se diera cuenta podría acabar con una alteración de las articulaciones. Existen unas vías nerviosas para que los estímulos dolorosos lleguen al cerebro y puedan ser percibidos como tales. En la figura 36 se puede observar un esquema que muestra las vías nerviosas del dolor y las zonas cerebrales que participan. Opuesto al dolor físico está el dolor emocional o psicológico o social. No se expresa en forma corporal sino que es global. A la inversa del dolor físico, el dolor psicológico se caracteriza por una sensación de ausencia. En una de sus formas más significativas, la angustia, existe como una vivencia de falta de amor, de comprensión y de afecto. El ser humano sufre por muchas causas: por la pérdida de un ser querido, por un amor no correspondido, por celos y envidias, por los fracasos, las desilusiones, los engaños y los desengaños, se sufre por frustraciones de nuestro proyecto vital. Se sufre por injusticias, por privaciones y pobreza. Se sufre por enfermedades somáticas y psíquicas. Los sentimientos por los cuales se traduce el sufrimiento son los de tristeza, melancolía, soledad, pena, temor y depresión que pueden derivar hacia el aburrimiento existencial y la desesperación.

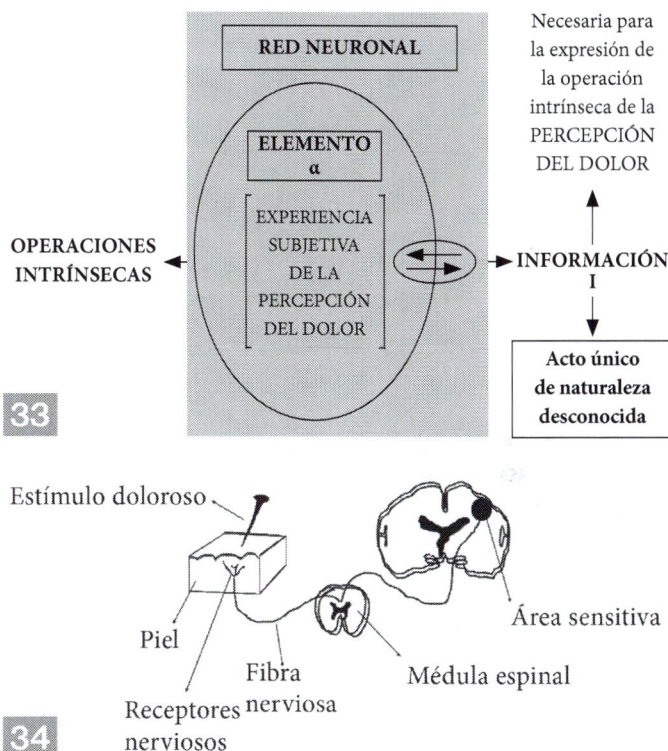

11. La percepción del dolor. El primero es un dibujo sobre la percepción subjetiva del dolor. El segundo, se trata de un esquema de las vías nerviosas del dolor

Un ejemplo que puede ser clarificador al respecto es la ruptura traumática de una relación amorosa. Esta acción deja a los sujetos vacíos, desolados y confusos. Sentimos como si nos hubieran arrancado una parte de nosotros mismos. Celia Harris y colaboradores de la Universidad de Macquarie han puesto de relieve que las parejas implicadas en relaciones a largo plazo desarrollan memorias interconectadas, convirtiéndose cada individuo en parte de un sistema del que dependen ambas personas. Cuando la relación se acaba, esa desconexión se vive de una manera traumática. Es como si nos hubieran amputado una extremidad, y el cuerpo reacciona anhelando esa dependencia aprendida. El disgusto de la ruptura activa procesos neuronales concretos en nuestro cerebro. Todo lo que nos recuerda a la persona amada desencadena actividad en el denominado circuito de recompensa cerebral, el cual se activa frente a un estímulo externo y envía señales mediante conexiones neuronales, para que se liberen a los neurotransmisores responsables de sensaciones placenteras como la dopamina. Las partes que están involucradas en este circuito son la amígdala, el núcleo accumbens, que controla la liberación de dopamina, y el área tegmental ventral, que libera la dopamina. (Vid. Figuras 17 y 4). Estos núcleos nerviosos desempeñan un papel fundamental en la motivación, el deseo, el placer y la valoración afectiva.

Estudios enfocados a estudiar la actividad cerebral de personas deprimidas tras una ruptura muestran que, más allá de los sistemas de recompensa, los estados de abatimiento después de este tipo de trauma también generan actividad en regiones cerebrales que están implicadas en la angustia y el dolor físico. Existen varios neurocientíficos que en la actualidad investigan la relación entre el dolor emocional y físico, entre ellos la Dra. Naomi Eisenberger y el profesor Matthew Lieberman, de la Universidad de California en Los Ángeles (UCLA). Eisenberger desarrolló un videojuego que puede hacer que los participantes se sientan excluidos, para poder en ese momento monitorear sus cerebros con resonancia magnética funcional. Durante la investigación, las imágenes tomadas de los voluntarios cuando notaban la falta de pertenencia presentaron que el dolor por ser rechazados socialmente se procesaba del mismo modo en el cerebro que el dolor físico y en la misma zona, es decir, en la corteza cingulada anterior. (Vid. Figura 26). En base a estos hallazgos, Eisenberger y colaboradores formularon la teoría de la superposición del dolor. Dicha teoría propone que:

El dolor social, el dolor que experimentamos cuando las relaciones sociales se dañan o se pierden, y el dolor físico comparten partes de un mismo sistema de procesamiento cognitivo, conductual, fisiológico y emocional.

Hay personas que son incapaces de sentir el dolor ajeno. No tienen empatía. La empatía es la capacidad natural de compartir y comprender los estados afectivos de los demás. Estas personas se caracterizan por la falta de afectividad interpersonal, problemas de socialización y de comportamiento. Son sujetos que no aprenden de la experiencia, no reconocen ninguna autoridad y suelen trasgredir las normas. Son los llamados psicópatas.

Jean Decety, Laurie R. Skelly y Kent A. Kiehl de la Universidad de Chicago y de la Universidad de Nuevo México publicaron los resultados de un estudio de resonancia magnética funcional realizado en 80 adultos encarcelados con diferentes grados de psicopatía. A través de la resonancia magnética funcional, los investigadores observaron que en los participantes con mayor grado de psicopatía, determinadas zonas cerebrales (corteza prefrontal ventromedial, corteza orbitofrontal, la amígdala y sustancia gris periacueductal; (Vid. Figuras 35 y 36) mostraban menor actividad que aquellos con bajo grado de este trastorno de la personalidad. Un psicópata no se siente amenazado por nadie ni por nada. Se enfrenta a los obstáculos paso a paso asegurándose un óptimo resultado. No entiende que los problemas externos al trabajo puedan afectar o aparezcan en la vida profesional. Es pragmático hasta llegar a la crueldad, incluso consigo mismo. Si para conseguir algo debe cortar una relación o marcharse de un lugar, lo hará. No se deprimirá y seguirá avanzando, pues cuando se marca un objetivo no hay nada que lo detenga.

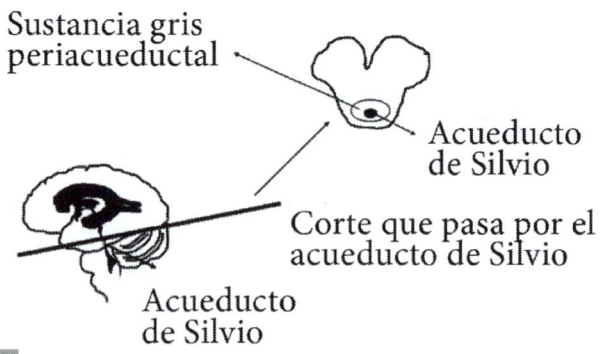

Sustancia gris periacueductal

Acueducto de Silvio

Corte que pasa por el acueducto de Silvio

Acueducto de Silvio

35

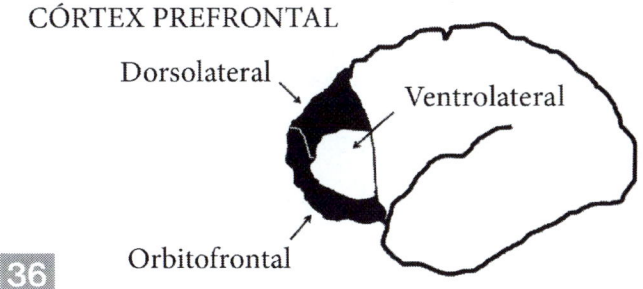

CÓRTEX PREFRONTAL

Dorsolateral

Ventrolateral

Orbitofrontal

36

12. Zonas nerviosas relacionadas con la psicopatía. La primera imagen muestra la sustancia gris periacueductal. La segunda es un esquema de las áreas de la corteza (córtex) prefrontal

Conclusión general

"Ser un cerebro" implica estar únicamente constituido por neuronas, sin embargo "tener un cerebro" manifiesta el hecho de que hay un "yo" que tiene cerebro. El "yo" es un concepto muy importante y la simple idea de que el "yo" pueda desaparecer causa desasosiego. Nuestra idea del "yo" es mucho más profunda que el simple reconocimiento de uno mismo. Los chimpancés también son conscientes de sí mismos y se reconocen en el espejo, pero nosotros, además de reconocernos, somos capaces de imaginar, generar ideas y elaborar razonamientos.

Carl Zimmer dice:

Cuando observamos a alguien que padece la enfermedad de Alzheimer, realmente puede verse cómo el "yo" de esa persona desaparece: se destruye paulatinamente a medida que el cerebro se va destruyendo. Cuando se observa a alguien que tiene Alzheimer, lo que se aprecia es que el "yo", simplemente, se desintegra.

Una persona puede transformarse completamente si sufre una demencia, por ejemplo puede comenzar a vestirse de un modo diferente, o puede decidir hacerse escritor. Ya no parece la misma persona y apenas recuerda su propio "yo". Zimmer confirma que:

> De hecho, pueden estudiarse los cerebros de estas personas y se puede observar que se han producido cambios físicos en el cerebro que, a su vez, cambian a la persona.

¿A qué categoría pertenece la idea del yo? ¿Es simplemente una convicción que hemos generado? ¿Es una idea imaginativa que supone que hay algo más que redes neuronales y neurotransmisores?

Efectivamente el "yo" estaría formando parte del elemento alfa que estaría en interrelación con las neuronas. Siguiendo esta hipótesis, en ciertas enfermedades cerebrales no se desintegra el "yo", lo que se altera y desaparece es la información I entre el elemento alfa y las redes neuronales. Por tanto parecería razonable que el "yo" permaneciese, no solamente por una patología cerebral determinada que impidiera su expresión o que ocasiona su distorsión, sino incluso después de la muerte, porque algo que carece de átomos no puede tener las reacciones químicas propias de un proceso de descomposición.

Lecturas complementarias

Adolphs, R. *Emoción y conocimiento: La evolución del cerebro y la inteligencia.* Tusquets, Barcelona, 2002.

Aguado, L. (2002). "Procesos cognitivos y sistemas cerebrales de la emoción". *Ítem: Revista de Neurología*, 34:1161-70.

Armstrong D. (1980). "The Nature of Mind". Brisbane: University of Queensland Press. (Original: Borst CV ed. *The Mind/Brain Identity Theory*. Macmillan, Londres, 1970).

Artigas, M. (1994). El Dr. Crick y su Cerebro. *Aceprensa:* <*https://www.aceprensa.com/articles/el-dr-crick-y-su-cerebro/*>. [Consulta: 12/07/2016].

Ayllon, J.R. *En torno al hombre.* 4ª ed. Rialp, Madrid, 1995.

Barón Birchenall, L. (2014). "La Teoría Lingüística de Noam Chomsky: del Inicio a la Actualidad". *Ítem: Lenguaje*, 42(2):417-42.

Bechara, A.; Tranel, D.; Damasio, A.; Adolphs, R.; Rockland, Ch.; Damasio, A. (1992). "Double dissociation of conditioning and declarative knowledge relative to the amygdala and hippocampus in humans". *Ítem: Science*, 269:1115-8.

Beck, A.T.; Freeman, A. *Cognitive therapy of personality disorders*. Guilford, Nueva York, 1990.

Braddon-Mitchell, D.; Jackson, F. *Philosophy of Mind and Cognition*. Blackwell, Oxford, 1996.

Carreras, J.L.; Pérez, M.J.; Jiménez, A.; Melgarejo, M.; Kiblawi, S.; Madariaga, P. (1997) "Características de la PET. Principales aplicaciones en Neurología". *Ítem: Revista de Neurología*, 5 (Supl 4):404-11.

Castaño, J. (2003). "Bases neurobiológicas del lenguaje y sus alteraciones". *Ítem: Revista de Neurología*, 36(8):781-5.

Chalmers, D.J. (1996). *The Conscious Mind*. Oxford, Nueva York: University Press.

Churchland, P.M. (traducción Mizraji, M.). *Materia y conciencia*. Gedisa, Barcelona, 1992.

Corominas, M.; Roncero, C.; Bruguera, E.; Casas, M. (2007). "Sistema dopaminérgico y adicciones". *Ítem: Revista de Neurología*, 44(1):23-31.

Cortina, A. (2010). "Neuroética: ¿las bases cerebrales de una ética universal con relevancia política?". *Ítem: Revista de Filosofía Moral y Política, Isegoría*, 42:129-48.

Crick, F. *The Astonishing Hypothesis: The Scientific Search for the Soul.* Scribner, Nueva York, 1995.

Crossman, A.R.; Neary, D. *Neuroanatomía: texto y atlas en color.* Elsevier Masson, Barcelona, 2005.

Damasio, A. *El error de Descartes.* Crítica, Barcelona, 2006.

Damasio, A. *The Feeling of What Happens: Body and Emotion in the Making of Consciousness.* Harcourt, Nueva York, 1998.

Dennis, G. *Principios de la neuropsicología humana.* Mc Graw Hill, México, 2002.

Eccles, J.C. (traducción Rubia Vila FJ). *La evolución del cerebro: creación de la conciencia.* Labor, Barcelona, 1992.

Forbes, C.E.; Grafman, J. (2010). "The role of the human prefrontal cortex in social cognition and moral judgment". *Ítem: Annual Review Neuroscience,* 33:299-324.

García, R. (2012). "Bases neurobiológicas de la conciencia: aspectos neuroanatómicos, cognitivos y evolutivos". *Ítem: Revista Chiena de Neuropsicología,* 7(1):12-5.

Gazzaniga, M. *Nature's Mind.* Basic Books, Nueva York, 1992.

Giménez-Amaya, J.M.; Murillo, J.I. (2009). "Neurociencia y libertad. Una aproximación interdisciplinar". *Ítem: Scripta Theologica*, 41(1):13-46.

Hilbert, D.R. (1987). "Color and Color Perception: A Study in Anthropocentric Realism". *Ítem: CSLI Publications*, Standford.

Horgan, J. *La mente por descubrir: por qué la ciencia no consigue replicar, medicar y explicar el cerebro humano*. Paidos, Barcelona, 2000.

Kandel, E.R.; Schawartz, J.H.; Jessell, T.M. *Principios de Neurociencia*. McGraw-Hill, Madrid, 2001.

Kandel, E.R.; Schwartz, J.H.; Jessell, T.M. *Neurociencia y Conducta*. Prentice Hall, Madrid, 1997.

Kotter, R.; Meyer, N. (1992). "The limbic system: A review of its empirical foundation". *Ítem: Behavioural Brain Research*, 52:105-27.

National Institute on Drug Abuse (NIH) (2014). "Las drogas, el cerebro y el comportamiento. La ciencia de la adicción". ADAI *Clearinghouse*. <*http:// adaiclearinghouse.org/downloads/Las-Drogas-el-Cerebro-y-el-Comportamiento-La-Ciencia-de-la-Adiccion-299.pdf* >. [Consulta: 12/07/2016]

Ledó, P.M.; Alonso, M.; Grubb, M.S. (2006). "Adult neurogenesis and functional plasticity in neuronal circuits". *Ítem: Nature Reviews Neuroscience*, 7:179-93.

LeDoux, J. *El cerebro emocional*. Planeta, Barcelona, 1999.

LeDoux, J. *Synaptic self, how our brains become who we are*. Viking, Nueva York, 2002.

Martín Ramírez, J. (2006). "Bioquímica de la agresión. Psicopatología Clínica, Legal y Forense". Psicopatología Clínica, Legal y Forense, Madrid, 5:43-66.

Martínez, J.M.; Sánchez, J.P.; Bechara, A.; Román, F. (2006). "Mecanismos cerebrales de la toma de decisiones". *Ítem: Revista de Neurología*, 42(7):411-8.

Muntané, A.; Moro, Mª L. (2012). "¿Se puede leer la mente con la resonancia magnética funcional?" *Ítem: Revista Mexicana Neurociencias*, 13(4):233-8.

Muntané Sánchez, A. *La Mente y el Cerebro. Visión orgánica, funcional y metafísica*. Libros en Red, España, 2005.

Muntané-Sánchez, A. (2011). "Estados alterados de conciencia asociados a la espiritualidad". *Ítem: Revista de Neurología*, 52(4):253-4.

Muntané-Sánchez, A. (2014). "Neuronas y valores". *Ítem: Revista de Neurología*, 58(1):48.

Murillo, J.I. (2000). "Una aproximación al Curso de Teoría del Conocimiento de Leonardo Polo". *Ítem: Acta Philosophica*, 9(2):319-38.

Penfield, W. (traducción: Páez Fuentes S). *El misterio de la mente. Estudio crítico de la consciencia y del cerebro humano.* Pirámide, Madrid, 1977.

Polkinghorne, J. *Ciencia y teología.* Sal Térrea, España, 2000.

Polo, L. *¿Qué es el hombre-Un espíritu en el mundo?* Rialp, Madrid, 1965.

Popper, K.; Eccles, J.C. *The Self and Its Brain.* Routledge, Nueva York, 1983.

Zimmer, C. (2014). "Secretos del cerebro". *Ítem: National Geographic*, 225 (2): 36-56.

Títulos de la colección

1. China moderna
2. Sexo
3. Trastornos del cerebro
4. Keynesianismos
5. Progresismo
6. Igualdad
7. Referéndums
8. Des-extinciones
9. Populismos
10. Libertad
11. La Química en la Cocina
12. El Corán
13. Urbanismo
14. La Biblia
15. Cosmos
16. Libertad de expresión
17. Superbacterias
18. Felicidad
19. El Tribunal de Estrasburgo
20. Cultura judía
21. Cine y política
22. Fascismo
23. Jazz
24. Aristóteles
25. La Revolución Francesa
26. No-violencia
27. Derecho de reunión y de manifestación
28. Derechos civiles
29. Ansiedad
30. El olor
31. Dietas
32. Migración internacional
33. Género
34. Feminismo
35. Arquitectura moderna y ciudad
36. Constitucionalismos
37. Autismo
38. Religiones
39. El sentido de la vida
40. Belleza
41. Energías renovables
42. Energía